植萃系冷製手工皂實驗室

うた（手工皂教室「UTATANE」）／著
王盈潔／譯

前言

手工皂因為素材的差異，呈現的樣貌也大不相同。
觸感、洗後的感受、色調、各自所具備的個性。
如果能找到對自己來說最佳的手工皂就太好了。
素材即使改變了形狀，也不會消失不見。
要是能做出彷彿保留了素材本身的手工皂，是多麼令人開心的事。

這些掌心大小的小巧手工皂，
就是在這樣的想法下製作出來的。

從頭到腳，全身都能洗的手工皂。
可依照當天的心情選擇顏色、香氣和形狀，享受愜意放鬆的時光。
身心都倍感舒暢、幸福無比。

要不要藉助素材的力量感受四季的變化，
一起製作能為身心帶來一場饗宴的手工皂呢？

Contents

Chapter 5

冬天的手工皂

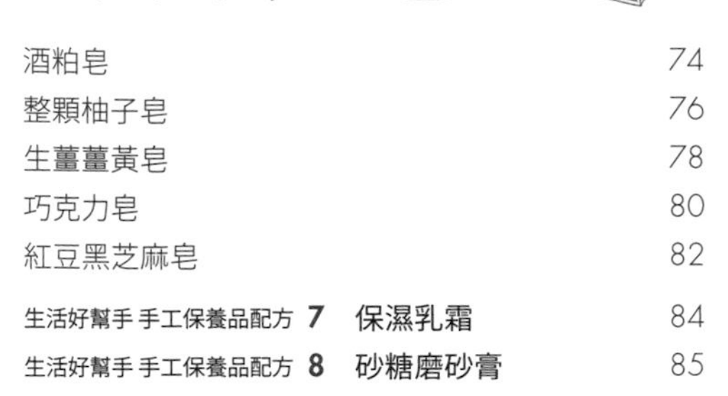

Chapter 6

各式變化款手工皂

Chapter 1

手工皂的基本

介紹製作手工皂使用的工具與材料、
身邊常見的天然素材，
以及基本的製作方法、
避免失敗的訣竅等等。

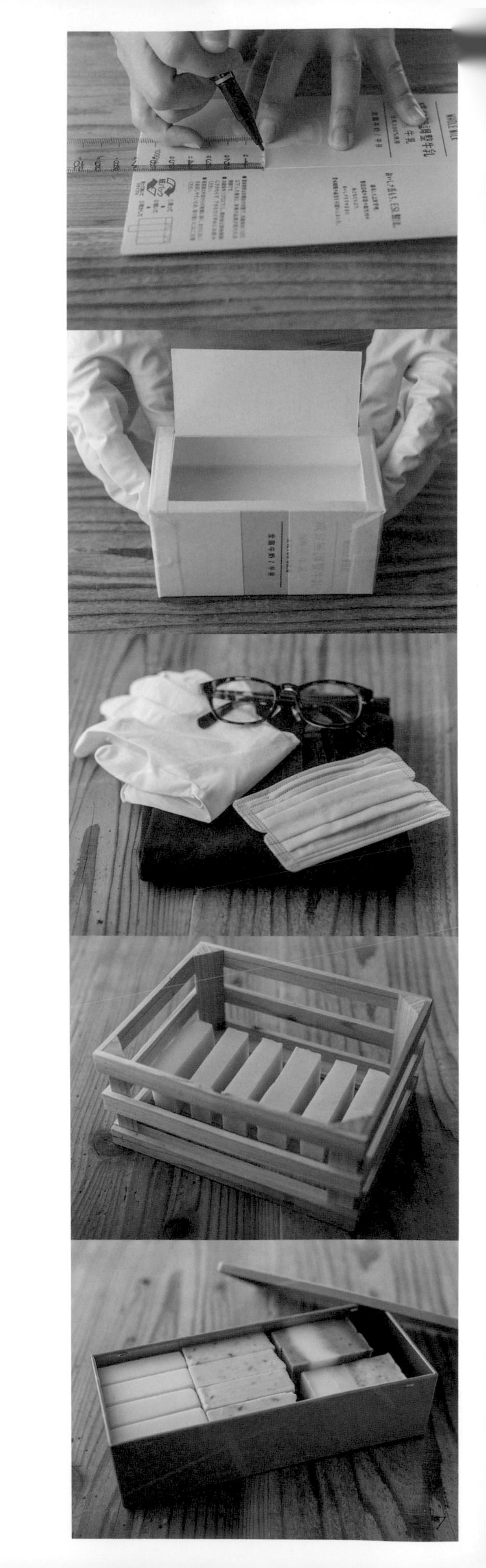

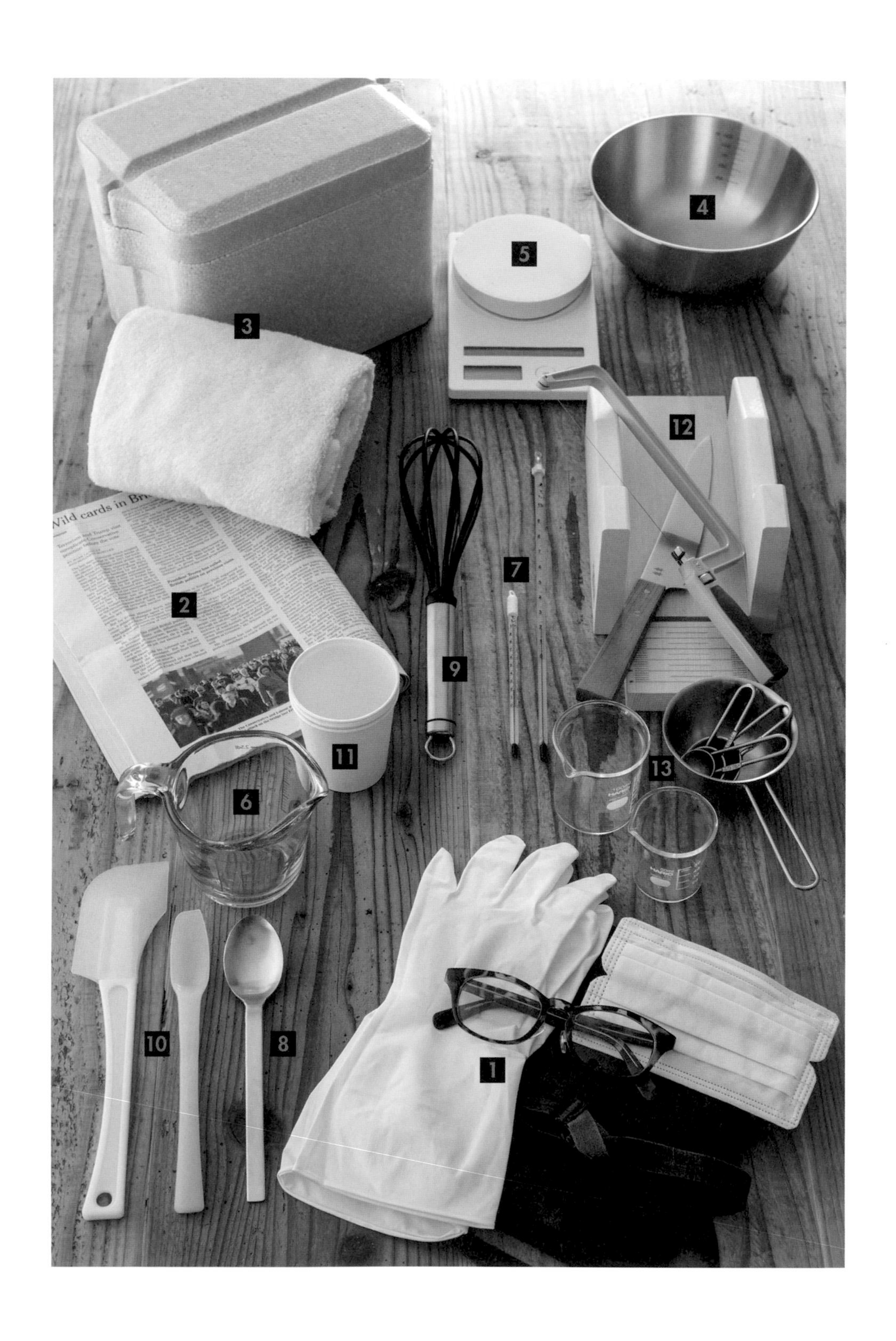
3
4
5
12
2
7
9
11
13
6
10
8
1

基本工具

製作手工皂的工具，幾乎都是廚房裡會用到的東西。氫氧化鈉具有強鹼性，因此不能使用材質（鋁、金屬、鐵氟龍材質）遇到強鹼會變質的東西。在住家附近的商店或均一價商店等地方都可以備齊這些工具，不妨去找找順手好用的商品。

1 圍裙、口罩、眼鏡（護目鏡）、橡膠手套

用於保護肌膚與眼睛、鼻子等不受氫氧化鈉及皂液的傷害。

2 報紙

用於保護作業台與完成製皂後收拾整理用。

3 可保溫的箱子（保麗龍）、毛巾（或毯子）

用於手工皂的保溫。也可以使用包裝用的氣泡紙。

4 缽盆

製作皂液時使用。建議選用直徑約18～20㎝、略有深度的缽盆。可以使用不鏽鋼、琺瑯、耐熱玻璃、耐熱塑膠等材質。而鋁、金屬、鐵氟龍材質有變質的危險，不能使用。

5 電子秤

用來測量材料。建議使用最小秤重單位為1g的機種。

6 耐熱玻璃、耐熱塑膠容器

製作氫氧化鈉溶液時使用。建議選用能裝盛200㎖左右的容器。製作氫氧化鈉溶液時溫度會急速升高，因此要準備具耐熱性的容器。

7 溫度計（可測量至100°C的款式）

用來測量油脂與氫氧化鈉溶液的溫度。由於會同時進行測量，因此需要準備2支溫度計。

8 不鏽鋼湯匙

製作氫氧化鈉溶液時使用。

9 打蛋器

混合皂液時使用。

10 橡皮刮刀

將皂液倒入皂模時使用。

11 紙杯

分裝皂液與上色時使用。也可以使用量杯或燒杯。

12 菜刀、切皂線刀、切皂台

將手工皂切塊時使用。用切皂專用的線刀或切皂台可以切得較為平整。

13 量匙、量杯

測量與添加材料時使用。

基本材料

手工皂教室「UTATANE」主要是採用稱為「Cold Process」的冷製法來製作手工皂。這是將油脂、水與氫氧化鈉這3種材料充分混合，使其產生化學反應（皂化）並慢慢形成肥皂的方法。不妨試著改變油脂的種類，或是另外添加素材或香氛，打造專屬於自己的手工皂吧。

油脂

手工皂使用起來的感覺取決於油脂。可用來製作手工皂的油脂有很多種，不妨了解各種油脂的特性，例如是否容易起泡、是否可以增加皂體硬度等等，試著找出適合自己的油脂。

純水（精製水）

用於溶解氫氧化鈉。水的軟硬度與氯、礦物質成分都有可能妨礙皂化反應進行，因此建議使用純水。

氫氧化鈉
（NaOH）

氫氧化鈉俗稱「燒鹼」或「苛性鈉」，用於製皂時與油脂產生化學反應。氫氧化鈉具強鹼性，屬於危險化學品，它會結合空氣中的水分產生熱與刺激性氣味，因此使用時要特別小心。可於化工材料行購得。

製作手工皂之前
請務必確認

使用氫氧化鈉的注意事項

1 穿戴圍裙、橡膠手套、口罩、護目鏡等，以避免接觸肌膚

氫氧化鈉接觸到皮膚或進到眼睛裡，會有燙傷或失明的危險。操作時務必要穿戴圍裙、橡膠手套、口罩、眼鏡（護目鏡）。萬一氫氧化鈉、氫氧化鈉溶液、皂液沾到皮膚等處時，要立刻以大量流動的清水沖洗，並視情況就醫。

2 操作時要打開排風扇，讓房間的空氣流通

氫氧化鈉一旦加水，就會產生具刺激性的蒸氣。要注意臉不要靠近氫氧化鈉溶液或是吸入蒸氣，並務必配戴口罩。在有排風扇的廚房或水槽中操作會比較安全。

3 在鋪有報紙或塑膠布的地方操作

氫氧化鈉溶液透明無色，不容易看見，有時會沒察覺到沾附在身上。建議在作業台鋪上報紙或是塑膠布，這樣即使弄髒了也不怕。

4 使用耐熱與耐強鹼的器具

氫氧化鈉屬於危險化學品。由於具強鹼性，有些材質會有劣化或腐蝕的危險。製作手工皂時，必須使用耐熱與耐強鹼的不鏽鋼、耐熱玻璃、耐熱塑膠等材質。
※鋁、金屬、鐵氟龍材質有可能產生變質，不可使用。

5 保留充裕的時間，放鬆心情來製作

在緊迫的時間下，很容易造成意外。每次都要確認注意事項，並保持愉悅的心情，安全地製作手工皂。

6 放置於孩童和寵物碰不到的地方

建議將處理氫氧化鈉時必須注意的事項先告知同住的家人。此外，也要避免濕氣進入容器中。

皂模

享受手工皂的樂趣就從選擇皂模開始。本書中使用的是牛奶盒和壓克力皂模，不過，像是裝點心的容器、製作甜點用的矽膠模、木盒或是紙盒、塑膠（耐熱性）等等，手邊有很多東西都可以用來當成皂模。使用木盒或紙盒時，裁剪烘焙紙鋪在盒子的內側，脫模時會比較容易。

橫式
（Cafe Half Type）

易於單手拿取的尺寸。適合製作在表面描繪圖案，或是從左右兩邊同時注入皂液的設計款手工皂。

直式
（Tall Half Type）

將橫式皂模做成縱長的形狀。由於裝入皂液時，接觸模型的地方較多，因此特徵是熱度不易散失，有利於保溫。可以享受製作疊色款手工皂的樂趣。

壓克力皂模

Cafe de Savon

壓克力皂模可以做出四邊工整的手工皂。本書是使用1/2大小的皂模。此外，配方記載的分量是以使用這種模型與右頁的牛奶盒為主。由於是透明的模型，便於看清楚內容物，加上有刻度，想為手工皂描繪圖案時也很方便。

牛奶盒皂模的作法

建議手工皂的初學者使用牛奶盒。
可以製作出手掌大小的手工皂。

材料

容量1000mℓ的牛奶盒×1個、剪刀、膠帶、美工刀、雙面膠帶

1

將牛奶盒的盒底用美工刀割掉。

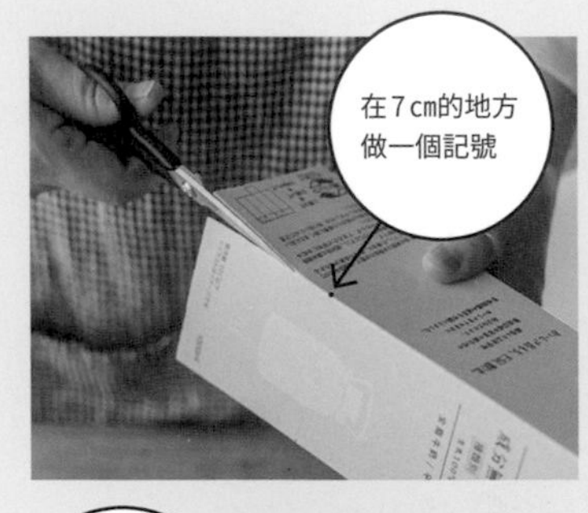

2

在底部往上7cm的地方做一個記號，再用剪刀剪開至記號處。四邊都用相同方法剪開。

3

將開口這一端的四邊用剪刀剪開至摺線處。

4

分別將底部和開口端向內摺。

5

為了避免皂液漏出來，外側也用膠帶牢牢固定。

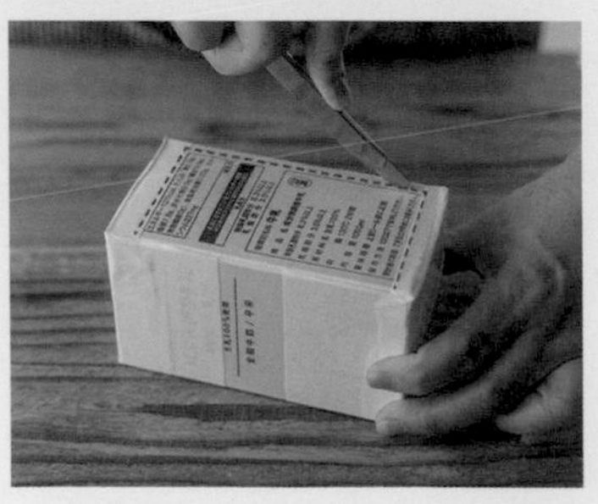

6

預留一邊當成連接處，其他三邊(圖中紅色虛線部分)則用美工刀割開，做成蓋子。

7

如此一來皂模就完成了。如果再從其他牛奶盒的平整面剪下邊長7cm的正方形，用雙面膠帶貼在開口那一端的內側，做出來的手工皂會更加工整漂亮。

完成！

手工皂的基本作法

這款簡單配方使用的油脂，在住家附近的商店即可輕易購得。
製作手工皂的步驟非常簡單。
首先就以基礎配方來製作簡樸的手工皂吧。

材料

皂模：牛奶盒
椰子油……75g
棕櫚油（或豬油）……75g
橄欖油（或冷壓白芝麻油）……75g
米糠油……25g
氫氧化鈉……34g
純水……75g

1

備齊所需的材料、工具、皂模等。在作業台鋪上報紙，並穿戴好圍裙與橡膠手套、口罩、眼鏡（或護目鏡）。

※本書中為了讓讀者看得較清楚，所以作業台沒有鋪上報紙，實際上要使用報紙。

2

將椰子油、棕櫚油這類呈凝固狀、無法從瓶中倒出的固態油脂事先隔水加熱融解。

3

用電子秤量取75g純水倒入耐熱玻璃杯中。

製作氫氧化鈉溶液

4

正確量取34g氫氧化鈉放到量杯或紙杯裡。這時要使用不鏽鋼湯匙，需小心不要撒出來。

5

將氫氧化鈉逐次少量地加入純水中。這時候也要小心不要撒出來。

caution!

將氫氧化鈉加入純水中會產生具有刺激性的蒸氣，而且溫度會上升至80°C左右。小心臉不要靠近氫氧化鈉溶液，同時要避免吸入氣體。在裝有排風扇的廚房或水槽中操作會比較安全。此外，事先把純水放入冰箱冷藏室徹底冰鎮，可以稍微抑制溫度上升。

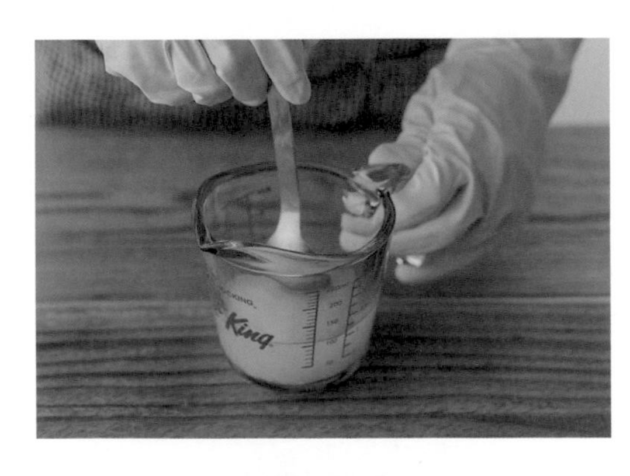

6

用不鏽鋼湯匙慢慢攪拌，直到氫氧化鈉的顆粒溶化不見。

7

氫氧化鈉完全溶化之後，放入溫度計，浸泡到裝有冷水的缽盆中隔水降溫，需降溫至40～45°C。

8

將椰子油、棕櫚油、橄欖油、米糠油依照配方所示的分量倒入缽盆中，並將整個缽盆隔水加熱（有使用椰子油、棕櫚油這類固態油脂的話，需完全融解）。一邊用打蛋器攪拌，一邊加熱至40～45°C左右。

製作皂液

9

當氫氧化鈉溶液和油脂分別到達40～45°C之後，將氫氧化鈉溶液慢慢加入裝有油脂的缽盆裡。

10

用打蛋器攪拌混合。充分攪拌20分鐘。

caution!

這時不要像打發鮮奶油一般用力攪拌，要避免皂液噴濺，像是在缽盆中畫圈圈般攪動。攪拌20分鐘會促使皂化反應（變成肥皂的反應）進行，漸漸形成肥皂。攪拌不充分的話很容易造成油水分離，因此充分攪拌非常重要。

11

皂液變得濃稠後，便提起打蛋器，將皂液滴在表面看看。如果會留下明顯的Trace（粗線痕跡），就可以停止攪拌了。

Point

製作手工皂時，皂液變得濃稠、從打蛋器滴下的皂液在表面留下痕跡的狀態稱為「Trace」。達到Trace狀態所需的時間會因配方、季節、溫度、工具及攪拌方法的不同而異。如果遲遲無法達到Trace狀態，覺得要繼續攪拌很辛苦的話，攪拌20分鐘之後停止也無妨。即使什麼都不做，皂化反應也會慢慢進行。但切勿放置不管。請視情況稍微攪拌、再靜置一段時間，重複這個步驟直到皂液達到Trace狀態為止。當然，一直持續攪拌至Trace狀態就能比較快入模。

留下明顯粗線痕跡的狀態。需攪拌至這種濃稠度。

※Light Trace：表面留下淡淡的細線痕跡。若要上色或添加精油就要在這時候進行。
※Trace：表面留下明顯的粗線痕跡。表示可以倒入皂模了。

將皂液倒進皂模裡

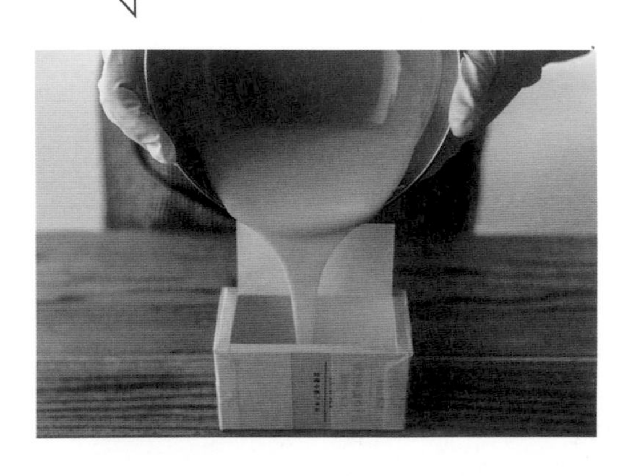

12

將皂液倒進皂模裡。缽盆裡沾黏的皂液也要用橡皮刮刀全部刮入皂模裡，蓋上蓋子後，用膠帶封口。

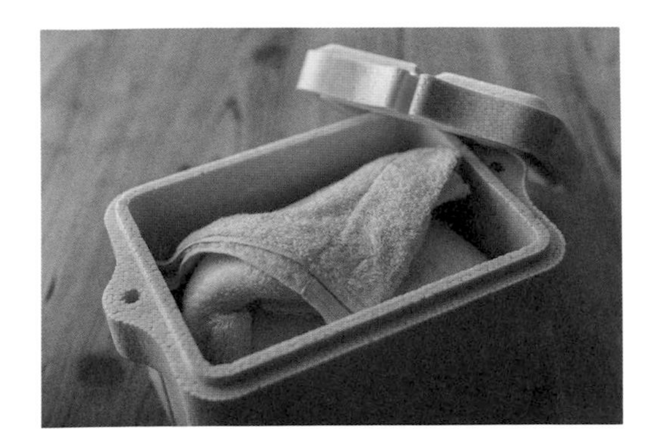

13

利用毛巾等東西包裹起來，放入可保溫的箱子或保麗龍盒裡保溫2～3天。

Point

皂液入模之後，皂化反應便會一口氣進行，皂液的溫度也會逐漸上升。接著，在24小時之後溫度又會慢慢下降。摸摸皂模的外側，有時會感覺溫度並不高，但其實有可能中心還在進行皂化反應。因此需放置於保溫箱內2～3天（冬天約1星期）不要取出，保持這個狀態，讓皂體確實凝固。

整理收拾

14

戴上橡膠手套，將沾附到皂液的工具用報紙或廚房紙巾等擦乾淨後，再洗乾淨。

操作完成後的時程

1 持續保溫（2～3天）。※冬天約1星期。

▼

2 取出手工皂，使表面乾燥（1～2天）。

▼

3 用菜刀等工具切成喜歡的大小。放置在沒有日照、通風良好的地方使其熟成、乾燥（4星期）。

▼

4 完成！可以使用了。

▼

5 置於陰涼處保存。使用期限大約1年。

熟成、乾燥

1

戴上橡膠手套，從保溫箱裡取出皂模。如果皂液凝固了就從皂模中取出，放置1～2天左右使表面乾燥。

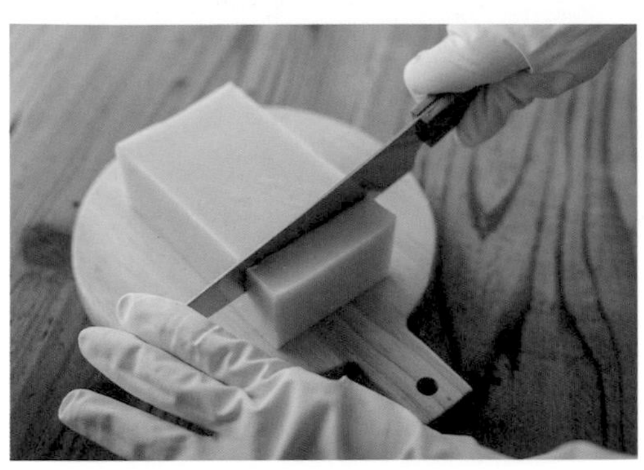

2

表面乾燥後，戴上橡膠手套，用菜刀或線刀切成自己喜歡的大小。

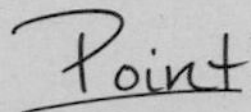

使用之前建議先進行皮膚過敏試驗。將做好的手工皂搓揉起泡，沾於手臂內側等皮膚柔軟的地方，經過24小時看看有無發紅或發癢等異常反應。

3

將切塊好的手工皂排放在托盤或木箱裡，放置在沒有日照、通風良好的地方4星期使其熟成、乾燥。

完成！

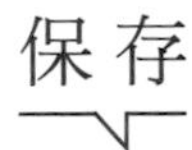

保存

手工皂的壽命雖然會因為油脂與添加的原料而異，但建議在1年內使用完畢。由於手工皂富含的天然甘油會吸附空氣中的水分，因此皂體會沾附水珠或變得濕濕滑滑。濕氣重的夏天等季節尤其需留意，要保存在沒有陽光直射、通風良好且乾燥的地方。如果出現咖啡色斑點或氧化的味道（油耗味）等異常，就不要用於肌膚，可以拿來當成掃除用的肥皂。

and more!

利用天然素材上色的方法

有很多天然素材會釋放出顏色。例如金盞花或迷迭香這類含有脂溶性成分的植物就很容易出色，做出來的手工皂會帶有天然且柔和的色調。此外，以天然素材上色的手工皂，受到空氣和日光所含的紫外線影響，會隨著時間漸漸褪色。不妨好好享受大自然的花、葉、根、莖、樹木、礦土等溫潤色調的變化。

利用粉末的上色法

將香藥草或香料等做成粉末狀，便能輕易上色。不過只將粉末加入皂液裡攪拌混合，很容易產生結塊，要特別留意。

1 皂液達到Light Trace狀態後，就可以進行上色。首先將皂液裝入紙杯裡，用小湯匙舀起少量粉末撒在紙杯與皂液的交界處。

2 將粉末利用湯匙的背面在紙杯壁上摩擦，讓粉末慢慢地溶入皂液中。粉末沒有結塊或顆粒後，再將皂液整體攪拌均勻。

※在缽盆裡上色時也是一樣的訣竅。
※本書中所記載的原料與粉末等，不要一次全部加入，要逐次少量地添加。
※礦泥粉先用少量的水溶解後再加入，比較不容易結塊。

純露的作法

純露指的是將香藥草（芳香植物）蒸餾所取得的芳香性水溶液。除了作為手工皂的原料，也可以當成化妝水或是入浴劑使用。

使用分量的基準

水300g，香藥草30～50g

1. 在鍋中裝入300g水，放上蒸架後，在上面放置耐熱杯或瓶子。
2. 在杯子的周圍鋪滿香藥草之後，放上缽盆蓋住鍋口。
3. 在缽盆裡放入冰塊，開火加熱鍋子。水開始沸騰後轉成小火。水蒸氣會在缽盆的底部形成水滴，慢慢地匯聚到杯子裡。大約30分鐘至1小時，純露就完成了。

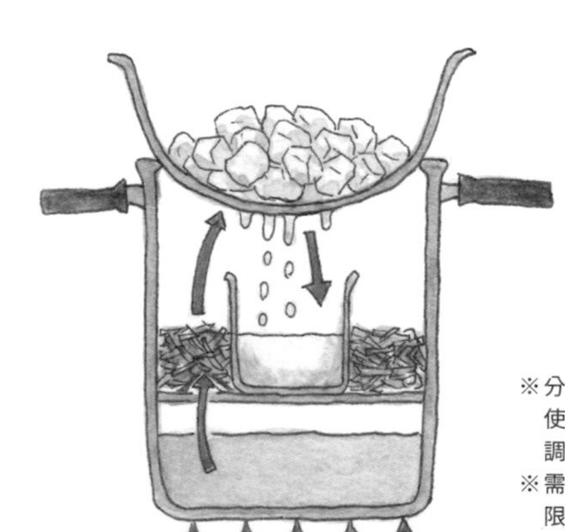

※分量僅供參考，請依照所使用的鍋子或香藥草進行調整。
※需儘早使用完畢（使用期限參考：置於冰箱可冷藏保存1星期）。

浸泡油（Infused Oil）的作法

浸泡油（Infused Oil）是指將植物或乾燥香藥草浸泡於植物油內所萃取出的有效成分。不只能作為手工皂的材料，也可以當成按摩油直接塗抹在肌膚上，還能當成乳霜、護唇膏、調味料使用。浸泡油的作法分為加熱萃取的「熱萃法」，以及利用常溫萃取的「冷萃法」2種。雖然採用哪一種製法取決於植物的種類，不過一開始要判斷的確很困難。因此，果實、根、莖這些難以萃取的部位使用「熱萃法」；花瓣與柔軟的葉子等部位則使用「冷萃法」，利用這樣的方式來記會比較容易。製作方法有很多種，因人而異，並沒有特別的規定。適合自己的方法就是最好的，不妨多方嘗試看看。植物油建議使用不容易氧化的橄欖油或是冷壓白芝麻油。

使用分量的基準

植物油100g，乾燥香藥草5～10g，新鮮葉片20～30g

※分量僅供參考。原料必須完全浸泡在植物油裡。沒有浸泡到植物油的部分很容易發霉，要特別留意。
※植物或乾燥香藥草等素材要盡可能切碎，才比較容易萃取。
※置於陰涼處保存（使用期限參考：3個月）。

熱萃法

將素材與植物油倒入乾淨的瓶子裡，以小火隔水加熱1小時左右，過程中要不時地攪拌。從熱源上移開、冷卻後就能馬上使用，不過置於沒有陽光直射的地方1星期之後，香氣會更加釋出。這時每天要搖晃瓶身一次。使用時以咖啡濾紙或不織布、濾茶器等過濾。

冷萃法

將素材與植物油倒入乾淨的瓶子裡，放置在沒有陽光直射的溫暖處2星期～1個月左右。每天要搖晃瓶身一次。使用時以咖啡濾紙或不織布、濾茶器等過濾。

油脂素材

以下介紹製作手工皂時所使用的各種油脂特徵。只要了解特徵，便可以具體地想像自己想要製作的手工皂，因此不妨多方嘗試看看。

椰子油	萃取自椰子果肉的油脂。做出來的手工皂容易起泡且皂體堅硬。
棕櫚油	油棕的果肉經脫色精製而成的油脂。做出來的手工皂不易溶解且皂體堅硬。可用純粹以棕櫚油製成的有機植物性白油代替。不過購買時要確認原料，請購買只使用棕櫚油的產品。
豬油	豬的油脂。由於屬於動物性油脂，因此較接近人體肌膚且容易吸收，膚觸也很溫和。和棕櫚油一樣，製作出來的皂體較為堅硬。
橄欖油	萃取自橄欖果實的油脂。富含油酸，做出來的手工皂保濕效果高，洗淨力也很強。本書中使用的是純橄欖油。
葵花油	提煉自葵花籽的油脂。分成富含油酸的高油酸葵花油，以及富含亞麻油酸的普通葵花油2種。高油酸葵花油和橄欖油相似，做出來的手工皂保濕效果高且洗淨力強。普通葵花油做出來的手工皂，泡沫為低刺激性的乳霜狀，但比高油酸葵花油更不易達到Trace狀態，而且容易氧化。本書中使用的是高油酸葵花油，不過這2種都可以使用。
冷壓白芝麻油	萃取自白芝麻的油脂。以生芝麻直接榨取，因此為透明無色。富含亞麻油酸，做出來的手工皂泡沫細緻，洗起來十分清爽。
甜杏仁油	萃取自杏仁種子的油脂。做出來的手工皂泡沫綿密且保濕度高。由於沒有特殊特性，各種膚質皆適用。
米糠油（玄米油）	萃取自米的胚芽的油脂。富含維生素E，做出來的手工皂容易起泡，洗起來十分清爽。

蓖麻油

萃取自蓖麻種子的油脂。黏度高、容易吸收水分，因此做出來的手工皂保濕效果高，泡沫豐富而持久。

澳洲胡桃油
（夏威夷堅果油）

萃取自夏威夷果仁的油脂。富含可促進肌膚細胞再生的棕櫚油酸。做出來的手工皂保濕力高，洗起來十分滋潤。

酪梨油

萃取自酪梨果實的油脂。富含維生素，做出來的手工皂較為黏稠、保濕滋潤。本書中使用的是未精製的酪梨油。

可可脂

萃取自可可豆的油脂。做出來的皂體較為堅硬，能在肌膚上形成薄薄的保護膜。適合秋冬季節。

乳木果油

萃取自乳油木種子的油脂。能在肌膚上形成保護膜、滋潤肌膚。做出來的手工皂較為堅硬且不易溶解。也常作為乳霜與化妝品的原料。適合秋冬季節。

荷荷芭油

萃取自荷荷芭樹種子的植物性液態蠟。肌膚容易吸收，使用起來非常清爽。本書中是用於製作超脂皂（超脂為Super Fat，指過剩油脂），在皂液達到Trace狀態時加入油脂。有助於提升保濕效果。

紅棕櫚油

萃取自油棕的紅色果肉、未經精製的油脂。富含胡蘿蔔素與維生素E，具有修復肌膚的效果。搭配使用，可以做出橘色、堅硬且不易溶解的手工皂。本書中是用來上色。

天然素材

這裡整理了可在附近店家購得的天然素材。可以用來製作手工皂的天然素材非常多，而且都能用來上色或是有助於提升使用的感受。利用天然素材做出來的手工皂具有溫潤樸實的質感，這也是其魅力所在。

食材　**利用食材本身所具有的功效，來製作溫和好用的手工皂吧。**

優格	具有溫和去角質的效果。能自然去除老廢角質、改善肌膚暗沉、提升透明感。做出來的手工皂洗起來清爽又潔淨。
香蕉	香蕉果實所含的維生素與礦物質可以供給肌膚營養、促進肌膚新陳代謝。所含的糖分則能使手工皂產生濃稠綿密的泡沫。
燕麥片	穀類的一種，為燕麥去殼後加工而成的製品。可溫和去除老廢角質。保濕效果高，有助於撫平肌膚紋路、提升肌膚柔軟度。泡水靜置一個晚上就可以做成燕麥奶。
薏仁	在藥材中被稱為「薏苡仁」。自古以來就被用於美白與治療疣。調理肌膚狀態的效果值得期待。
昆布	富含礦物質與營養。具有天然保濕成分，做出來的手工皂能產生濃稠綿密的泡沫。本書中是磨成粉末使用。也可以使用市售的昆布粉。
米糠	在日本自古以來就被用來洗臉，不只能去除老廢角質，還含有能滋潤肌膚的天然保濕成分神經醯胺。

酒粕	榨取清酒後所留下的固態物質。發酵過程中產生的胺基酸與酵素可以美白肌膚。泡沫濃稠綿密，洗後肌膚光滑。是適合冬天的素材。
清酒	和酒粕一樣，所含的胺基酸與酵素能美白肌膚，還有防止細胞老化的功效。泡沫濃稠綿密，洗後肌膚光滑。
核桃	富含維生素、礦物質與抗氧化物質。帶皮研磨，可以當成溫和的去角質磨砂膏來使用。
酪梨	酪梨的果肉有豐富的營養，被稱為「森林裡的奶油」。富含具抗氧化作用的維生素E，促進血液循環的效果也非常好。適合乾燥肌膚。
生薑	據說原產地在印度到馬來半島一帶的亞洲熱帶地區。具有促進血液循環、溫暖身體的效果。
柚子	富含的成分能使肌膚呈現健康狀態，維生素C是檸檬的1.5倍。洗起來具潔淨感，洗後肌膚光滑清爽。
黑巧克力	使用不含乳成分的巧克力。可可多酚能抑制皮膚發炎、具有抗氧化作用，提升保濕力與撫平肌膚紋路的效果也值得期待。推薦痘痘肌使用。本書中使用的是可可含量99%的巧克力。

黑芝麻

種皮含量比例高，又黑又硬。富含具有抗氧化作用的維生素E。具磨砂的效果，有助於去除老廢角質。

咖啡

不只能去除氣味與髒汙，咖啡所含的咖啡因，其消除水腫與緊實肌膚的效果也值得期待。微細顆粒可用於去角質，使肌膚光滑柔嫩。也很推薦給男性。

蘭姆酒

以甘蔗為原料製作而成的蒸餾酒，可做出具高保濕效果的手工皂。由於酒精濃度高，在皂液中添加少量可加快達到Trace狀態。

日式燒酒與伏特加

用於製作酊劑（將藥材或香藥草浸泡於高酒精濃度的伏特加或蒸餾酒中，萃取出有效成分的濃縮液）。

糖類

在手工皂裡添加蜂蜜或糖類，能夠提高保濕力，做出容易起泡的手工皂。

蜂蜜

糖分可以提升保濕力，做出來的手工皂容易起泡，具有潤澤甘甜的香氣。抗菌、消炎的效果亦值得期待。

黑糖

自古以來便因為有助於美肌與美白而持續受到愛用。具有撫平肌膚紋路、潤澤肌膚的保濕效果。也很適合用來製作洗髮皂。

黑糖蜜

使用黑糖與水熬煮而成，和黑糖具有相同的效果。容易起泡，洗起來十分滋潤。

楓糖漿

以糖楓等樹木的樹液濃縮而成。楓糖漿會依據收穫時期與顏色、風味等，而有不同的等級之分。泡沫柔細，洗起來十分滋潤。

香料與粉末

使用一般料理中也會用到的香料與香藥草來替手工皂上色。成品具有天然素材的溫潤色調。

薑黃粉

用薑黃的地下莖研磨而成的粉末。據說具有抗氧化效果、有助於解決肌膚問題。美白效果亦值得期待。

肉桂粉

將肉桂的樹皮乾燥後製成粉末。在藥材中稱為「桂皮」，具有促進血液循環、溫暖身體的效果。

薑粉

將薑乾燥後製成粉末。和生薑一樣具有促進血液循環、溫暖身體的效果。

艾草粉

野草具有許多天然功效，其中艾草又被稱為「香藥草女王」。據說艾草具有抗菌、除臭與保濕的功效，有助於解決肌膚問題。

抹茶粉

主要的成分為具有殺菌、除臭效果的兒茶素。可防止肌膚氧化、增加肌膚彈力。

竹炭粉

可以吸附毛孔裡堆積的髒汙與皮脂、老廢角質，並具有除臭效果。

可可粉

具有巧克力般的甘甜香氣。很常用來替手工皂上色。本書中使用的是天然可可或純可可。

黑可可粉

純黑色可可粉。幾乎不帶有可可的甘甜香氣，主要是用於上色。

菠菜粉

將菠菜乾燥後研磨成細緻的粉末狀。主要是用來把手工皂染成綠色。

紅豆粉

將整顆紅豆碾碎製成粉末。成分之一的皂素具有去除多餘皮脂與髒汙的功效，自古以來就被用來洗臉。

鹽

具有緊緻毛孔和肌膚的收斂效果，能夠讓肌膚變得細緻滑嫩。本書中使用的是粉末狀的「雪鹽」，要是難以購得的話，則要盡可能選用顆粒細小的天然鹽。

香草莢

用來增添香草甘甜香氣的一種食材。使用時要從黑色長條狀的豆莢內取出小小的香草籽。具特色的香甜氣息有放鬆效果，能療癒心靈。

香藥草

除了增添色調與質感，將香藥草浸泡在油脂內萃取出有效成分，還能增添製作手工皂時的樂趣。

洋甘菊

具有類似蘋果的甘甜香氣。可以舒緩搔癢與發炎、滋潤乾燥肌。

迷迭香

可逆齡抗老的香藥草。具抗氧化功效，可以緊緻肌膚、改善暗沉。清爽的香氣具有提神的效果。

金盞花

含天然胡蘿蔔素，也被稱為「肌膚修護使者」。可讓受傷或曬傷等引起發炎症狀的皮膚獲得舒緩，保護肌膚。

薰衣草

放鬆效果很好的香藥草。可舒緩曬傷與發炎的皮膚，也被用於肌膚保養。還有防蟲的效果。

薄荷

清新的香氣具有提神的效果。還有殺菌作用，美白、美肌的功效亦值得期待。

黑文字
（楠木）

自古以來就被應用於製作肥皂與香水的一種日本香藥草。具有保濕與消炎作用，也有助於改善肌膚問題。本書中是使用黑文字茶。

魚腥草

自古以來在日本被稱為「十藥」的藥材。具有殺菌、抗氧化作用，可有效改善汗疹、痘痘、紅腫乾癢、蚊蟲叮咬等肌膚問題。據說開花時藥效最強。美白、美肌的功效亦值得期待。

其他

地球上的黏土或採自蜂巢的蜂蠟等等，其他可用於手工皂或手工保養品的素材還有很多。請多方嘗試，體驗當中的樂趣。

礦泥粉
（粉紅、玫瑰、綠色、黃色、白色）

將富含礦物質的黏土研磨成粉末狀。吸收、附著力強，可以製作出去汙效果佳的手工皂，並能呈現出柔和溫潤的色調。依照採集的地方不同，不只顏色，就連成分和效果也各異。

海泥
（沖繩海泥「Kucha」）

採集自海裡、富含礦物質的礦泥。沖繩海泥「Kucha」只能在沖繩採集到，十分稀有且價值很高。粒子細小，吸附髒汙的效果佳。

蜜蠟

一種取自蜂巢的蠟質。具有柔膚與溫和的抗菌效果，經常用來製作護唇膏等保養品。製作手工皂時添加少量，具有促進凝固的效果。分成經過精製的白蜜蠟與未經精製的黃蜜蠟。

MP皂
（甘油皂基）

融化（Melt）、注入（Pour）即可製作，屬於富含保濕成分甘油的固態皂基。可以隔水加熱或用微波爐加熱融解後使用。

Chapter 2

春天的手工皂

從窗戶照射進來的陽光充滿了春天的氣息。
在這個時節製作手工皂，
總覺得比其他季節更感雀躍。
柔韌軟嫩的草、色彩繽紛的花朵。
以舒爽愉悅的心情來享受手工製作的樂趣吧。

使用充滿大自然恩惠的
香藥草浸泡油所製成的手工皂。
香藥草柔軟的泡沫
溫柔地包覆著肌膚。

5種香藥草皂

Herb Soap

材料

橄欖油（香藥草浸泡油）……115g
椰子油……40g
棕櫚油……40g
甜杏仁油……30g
蓖麻油……25g
氫氧化鈉……32g
純水……75g
洋甘菊（乾燥）……1小匙

準備

過濾香藥草浸泡油

香藥草浸泡油在使用之前要用咖啡濾紙或不織布等過濾。

※這裡的香藥草浸泡油是使用5種乾燥香藥草混合而成，但只要分量為15g，使用其他香藥草或只使用一種香藥草都無妨。

洋甘菊

用菜刀把1小匙洋甘菊（乾燥）切碎備用。

作法

1. 按照「基本作法」1～11製作手工皂。
2. 達到Trace狀態後，加入切碎的洋甘菊混合均勻。
3. 將皂液倒進皂模裡。
4. 蓋上蓋子，利用毛巾等東西包裹保溫。
5. 脫模後切塊，靜置4星期使其熟成、乾燥。

香藥草浸泡油的作法

將乾燥香藥草（材料外15g：洋甘菊、迷迭香、金盞花、薰衣草、薄荷）放入乾淨的瓶子裡，再注入150g以上的橄欖油（差不多完全蓋住香藥草的量）。置於沒有陽光直射的溫暖地方約2星期～1個月，每天要搖晃瓶身一次。

優格皂

Yogurt Soap

材料

葵花油……75g
椰子油……50g
棕櫚油……50g
米糠油……50g
甜杏仁油……25g
氫氧化鈉……33g
純水……50g
優格……30g
荷荷芭油……1小匙
紅棕櫚油……10g

準備

製作橘色手工皂

量取紅棕櫚油（材料外100g）、椰子油（材料外75g）、橄欖油（材料外75g）、氫氧化鈉（材料外34g）、純水（材料外75g）等材料，按照「基本作法」的步驟製作手工皂。脫模後切成1cm大小的方塊。

優格

將優格30g置於常溫下回溫。

紅棕櫚油

將紅棕櫚油10g事先隔水加熱融解。

作法

1. 按照「基本作法」1～11製作手工皂。
2. 達到Light Trace狀態後，加入回復常溫的優格與荷荷芭油攪拌均勻。
3. 將170g皂液倒進皂模裡。
4. 將剩餘的皂液分成2份。
   （A）取50g皂液裝進紙杯裡，加入已隔水加熱的5g紅棕櫚油攪拌均勻。
   （B）在缽盆內剩餘的皂液裡，加入已隔水加熱的5g紅棕櫚油攪拌均勻。
5. 將（A）紙杯裡的皂液倒回（B）的缽盆裡。
6. 將缽盆內的皂液慢慢縱向來回地倒入皂模裡。
7. 等皂液開始稍微變硬，用湯匙的背面把上層約1cm的部分往中間推，做成山形。

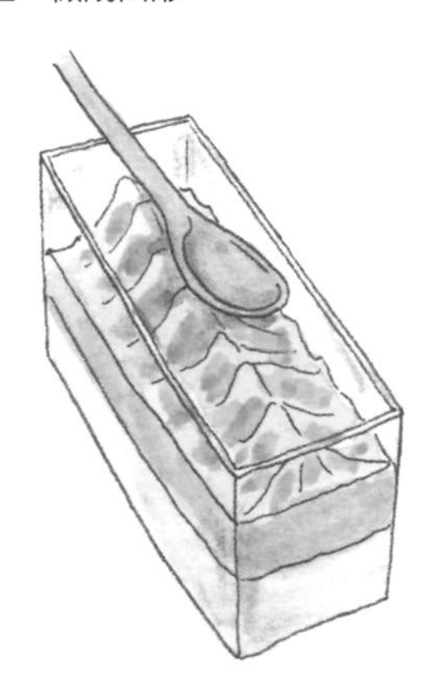

8. 在山形的上方擺放切成1cm塊狀的橘色手工皂。

9. 蓋上蓋子，利用毛巾等東西包裹保溫。
10. 脫模後切塊，靜置4星期使其熟成、乾燥。

像是淋了果醬般，
宛如甜點的優格皂。
具有溫和去角質的效果。
洗起來十分潔淨清爽，
很適合早晨的沐浴時光。

季節交替時肌膚較為敏感。
不妨使用富含保濕成分的蜂蜜皂，
讓甘甜的香氣撫慰肌膚與心靈吧。

濃厚蜂蜜皂

Rich honey Soap

材料

葵花油……80g
椰子油……70g
棕櫚油……70g
甜杏仁油……20g
米糠油……10g
蜜蠟……5g

氫氧化鈉……35g
純水……70g

蜂蜜水……30g
MP皂（透明）……30g
薑黃粉……適量
肉桂粉……適量

準備

MP皂

將MP皂（透明）30g隔水加熱融解之後，加入少量（大約用牙籤尖端沾取的程度）的薑黃粉染成橘色。再加入少量的肉桂粉，染成蜂蜜色。

※在進行的過程中，如果MP皂凝固了，就再隔水加熱融解。

包裝用氣泡紙

為了印出類似蜂巢的紋路，配合皂模的大小剪裁一片包裝用氣泡紙。

製作蜂蜜水

在蜂蜜（材料外25g）中加入大約5g的水，隔水加熱至接近體溫。

作法

1 按照「基本作法」1～10製作手工皂。

2 等油脂與氫氧化鈉溶液開始融合乳化（3～5分鐘），加入蜂蜜水混合均勻。

3 達到Trace狀態後，將皂液倒進皂模裡。

4 在倒入的皂液上方覆蓋包裝用氣泡紙，小心不要讓空氣混入。

5 蓋上蓋子，利用毛巾等東西包裹保溫。

6 保溫結束後，用手撕除包裝用氣泡紙。

7 倒入完成上色的MP皂。

8 MP皂凝固後，即可脫模、切塊，靜置4星期使其熟成、乾燥。

薏仁皂

Coix seeds Soap

材料

橄欖油（薏仁浸泡油）……80g
椰子油……60g
棕櫚油……50g
米糠油……50g
蓖麻油……10g
氫氧化鈉……34g
純水……75g
薏仁……1小匙

準備

薏仁

將1小匙薏仁用食物調理機或研磨缽磨碎後，以濾茶器過篩。使用已過篩的微細粉末。

製作咖啡色手工皂

按照「基本作法」的材料與步驟製作手工皂。達到Light Trace狀態後，加入紅豆粉（材料外1/2小匙）與黑糖（材料外少許）。脫模後切成片狀（厚5㎜）。

過濾薏仁浸泡油

製作薏仁浸泡油，使用之前要用濾茶器等器具過濾。

作法

1. 按照「基本作法」1～11製作手工皂。
2. 達到Trace狀態後，加入磨成粉的薏仁攪拌均勻。
3. 將皂液倒進皂模裡，在中央插入咖啡色手工皂。
4. 蓋上蓋子，利用毛巾等東西包裹保溫。
5. 脫模後切塊，靜置4星期使其熟成、乾燥。

薏仁浸泡油的作法

將薏仁（材料外10g）放入乾淨的瓶子裡，再注入90g橄欖油，以小火隔水加熱1小時左右。置於沒有陽光直射的地方約1星期，每天要搖晃瓶身一次。

自古以來，
相傳薏仁具有美白
以及治療肌膚問題的功效，
能有效調理肌膚狀態。

自古以來就被應用於製作肥皂
與香水的一種日本香藥草。
具有保濕作用與消炎效果，
有助於改善肌膚問題。

黑文字皂

Kuromoji Soap

材料

冷壓白芝麻油（黑文字浸泡油）……80g
棕櫚油……60g
椰子油……50g
酪梨油……40g
蓖麻油……20g

氫氧化鈉……33g
黑文字純露……75g

艾草粉……少許
※也可以用抹茶粉取代。

準備

製作黑文字純露

使用黑文字茶（材料外30g）。詳細作法請參照P20「純露的作法」。純露在使用之前要置於冰箱冷藏。
※也可以事先用茶壺煮好的黑文字茶取代。

過濾黑文字浸泡油

製作黑文字浸泡油，使用之前要用濾茶器等器具過濾。

作法

1 按照「基本作法」**1**～**11**製作手工皂。不過，純水則以冷藏的黑文字純露取代。

2 達到Trace狀態後，取1/3分量的皂液倒進皂模裡。

3 將艾草粉倒入濾茶器中，撒滿**2**的皂液表面。

4 用湯匙把剩餘的皂液輕輕地覆蓋上去。

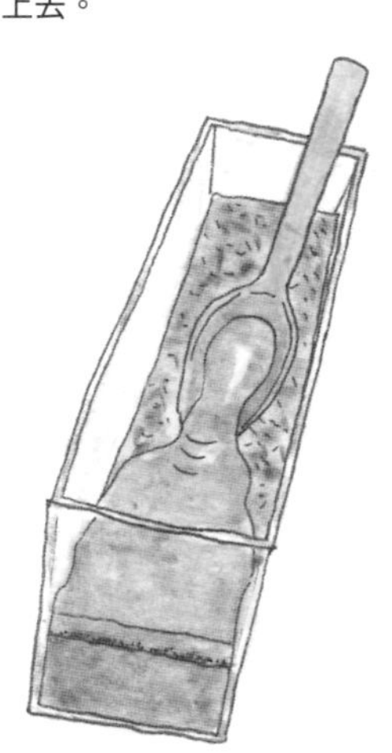

5 蓋上蓋子，利用毛巾等東西包裹保溫。

6 脫模後切塊，靜置4星期使其熟成、乾燥。

黑文字浸泡油的作法

將黑文字茶（材料外10g）弄碎（樹枝用手折斷），放入乾淨的瓶子裡。再注入90g冷壓白芝麻油，以小火隔水加熱1小時左右。置於沒有陽光直射的地方約1星期，每天要搖晃瓶身一次。

生活好幫手
手工保養品配方

Craft recipe 1

沐浴鹽

將天然鹽與礦泥粉混合而成的簡單入浴劑。有助於提升新陳代謝、去除肌膚的老廢物質。沐浴後身體暖呼呼，肌膚也滑溜溜。

材料（2次份）

天然鹽（岩鹽）……70g
礦泥粉……1/4小匙
精油（依個人喜好）……6滴

作法

1 將天然鹽（岩鹽）與礦泥粉倒入容器裡搖一搖。

2 加入精油後充分搖勻。

〈使用期限參考：1個月〉

用法

在注入熱水的浴缸裡，加入一半分量（2大匙）的沐浴鹽。

- 鹽、礦泥粉會侵蝕金屬導致生鏽，因此不可使用於循環式浴缸。
- 因浴缸材質等因素有可能會造成染色，需留意。
- 為了避免損傷浴缸，使用後請不要重複加熱，需盡快用水沖洗乾淨。

生活好幫手
手工保養品配方

Craft recipe 2

護唇膏

以蜜蠟與植物油製成的簡易配方。
因為是每天都會使用的東西，採用安心無虞的原料。

材料（唇膏管 2 支份）

植物油……8g
蜜蠟……2g
精油（依個人喜好）……1滴

作法

1 將植物油與蜜蠟裝入耐熱容器中隔水加熱，混合均勻。

2 等蜜蠟融解後即可離開熱水，添加精油。倒入唇膏管中，待凝固後就完成了。

〈使用期限參考：3個月〉

memo

建議可以使用橄欖油、澳洲胡桃油、荷荷芭油等耐高溫的植物油。使用5種香藥草浸泡油（參考P33）來製作的話，護唇膏會帶有柔和的香氣。

Chapter 3

夏天的手工皂

綠意盎然，鮮綠欲滴的夏天。
即使在陣陣蟬鳴、烈日當空的炎炎夏日裡，
這些滿滿的素材也能讓人充滿活力。

專屬於這個季節、令人愉悅的手工皂。
自古以來被稱為「十藥」、
當成藥材活用至今的魚腥草。
推薦給有肌膚問題的人使用。

魚腥草皂

Houttuynia cordata Soap

材料

橄欖油（魚腥草浸泡油）……80g
椰子油……70g
棕櫚油……70g
冷壓白芝麻油……20g
蓖麻油……10g
氫氧化鈉……34g
魚腥草茶……75g
魚腥草泥……1小匙

準備

製作魚腥草茶

在鍋中裝入純水（材料外100g）開火加熱。煮沸後放入用水洗淨並擦乾的新鮮魚腥草葉片（材料外15g），以小火煮約5分鐘後，用濾茶器過濾。使用之前需冷藏保存。

過濾魚腥草浸泡油

製作魚腥草浸泡油，使用之前要用咖啡濾紙或不織布等過濾。

製作魚腥草泥

過濾魚腥草浸泡油後留下的葉子和花朵，用食物調理機或研磨缽磨成泥。

作法

1 按照「基本作法」1～11製作手工皂。不過，純水則以冷藏的魚腥草茶取代。

2 達到Trace狀態後，加入魚腥草泥混合均勻。

3 將皂液倒進皂模裡。

4 蓋上蓋子，利用毛巾等東西包裹保溫。

5 脫模後切塊，靜置4星期使其熟成、乾燥。

魚腥草浸泡油的作法

將魚腥草的葉子和花朵（材料外30g）分別用水清洗之後擦乾，裝進乾淨的瓶子裡，再注入100g橄欖油，以小火隔水加熱1小時左右。置於沒有陽光直射的地方約1星期，每天要搖晃瓶身一次。

鹽與海泥皂

Salt and Sea mud Soap

材料

椰子油……75g
棕櫚油……75g
冷壓白芝麻油……50g
葵花油……25g
米糠油……25g

氫氧化鈉……35g
純水……75g

天然鹽（雪塩）……1大匙
昆布……1/2小匙
海泥（沖繩海泥「Kucha」）……適量
粉紅礦泥粉……適量

準備

昆布

將昆布1/2小匙用食物調理機或研磨缽磨成粉。
※也可以使用市售的昆布粉。

作法

1 按照「基本作法」1～11製作手工皂。

2 達到Light Trace狀態後，加入天然鹽（雪鹽）混合均勻。

3 將皂液均分到3個紙杯裡，接著添加素材。
（A）加入昆布粉與海泥（沖繩海泥「Kucha」）攪拌均勻。
（B）加入粉紅礦泥粉攪拌均勻。
（C）什麼都不加，拌勻即可。

4 將（A）的皂液倒進皂模裡。

5 將皂模稍微傾斜（在皂模下方放入約1.5cm高的木板或是毛巾等物墊高），從斜下方縱向來回地倒入（B）的皂液。

6 以和5相同的方式，將（C）的皂液倒在上方。

7 利用小湯匙收集紙杯裡殘留的皂液，在最上方畫出小圓點。

8 蓋上蓋子，利用毛巾等東西包裹保溫。

9 脫模後切塊，靜置4星期使其熟成、乾燥。

※如果將步驟2所有的皂液全都倒進皂模裡，經過保溫後「鹽皂」就完成了。

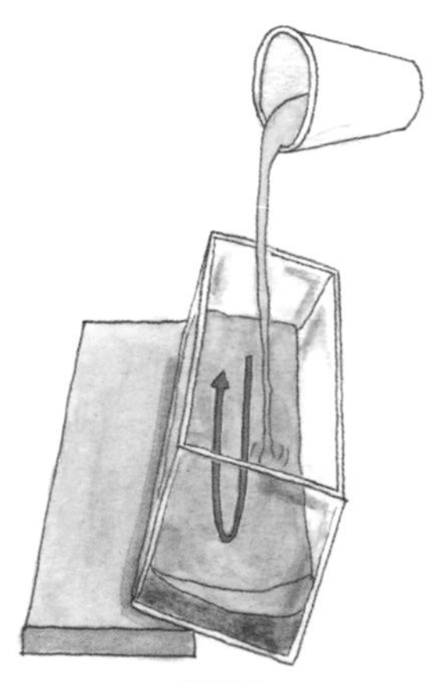

步驟5

步驟6

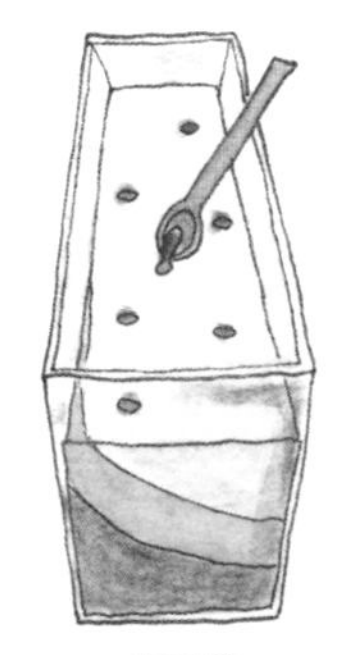

步驟7

這款手工皂使用了含有大量
接近人體所需礦物質的海鹽，
以及取自海底的礦泥（海泥），
還添加了具天然保濕成分的海藻。
有助於收縮毛孔，
使肌膚光滑柔嫩。

竹炭皂

Charcoal Soap

材料

椰子油……80g
冷壓白芝麻油……80g
棕櫚油……70g
蓖麻油……20g
氫氧化鈉……35g
純水……75g
竹炭粉……適量

作法

1 按照「基本作法」1～11製作手工皂。

2 達到Light Trace狀態後，將皂液均分到2個小缽盆裡。
(A) 加入約1/8小匙的竹炭粉充分攪拌均勻，製作出深灰色皂液。
(B) 加入少量（大約用牙籤尖端沾取的程度）竹炭粉攪拌均勻，製作出淺灰色皂液。
※可依喜好的顏色調整竹炭粉的用量。

3 如圖所示，將4大匙的（B）皂液集中一處倒入（A）的缽盆裡。同樣地，將4大匙的（A）皂液集中一處倒入（B）的缽盆裡。

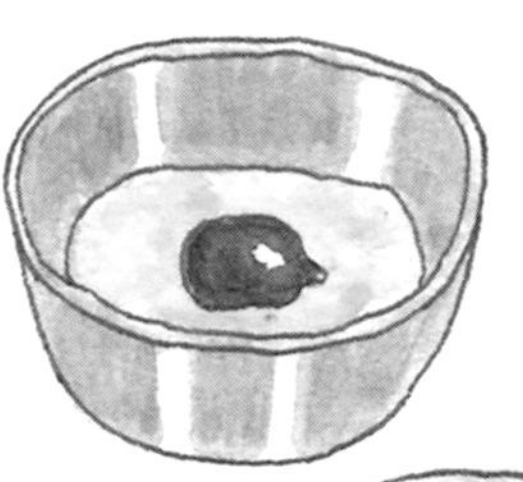

步驟 3

4 將（A）、（B）缽盆裡的皂液分別裝進紙杯裡（裝不下的話，就分次倒入紙杯），同時從左右兩邊縱向來回地倒入皂模裡。

5 蓋上蓋子，利用毛巾等東西包裹保溫。

6 脫模後切塊，靜置4星期使其熟成、乾燥。

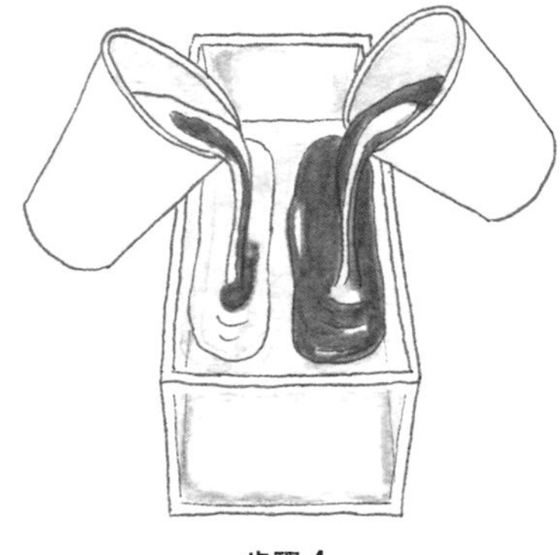

步驟 4

切塊的方法

1 脫模後，將手工皂由上往下切成塊狀。

2 把切塊的手工皂翻轉90度，再對半切開。

3 各種切塊的方向都OK，可以享受不同紋路的呈現方式（操作時需戴橡膠手套）。

夏季的濕度也高，既悶熱又濕黏。
這款手工皂正適合這樣的夏天。
竹炭能吸附毛孔裡堆積的
髒汙或皮脂、老廢角質。
也適合推薦給工作疲憊的父親，
或是在社團活動中汗流浹背的學生。

逆齡抗老的香藥草「迷迭香」。
相傳自中世紀歐洲以來，
迷迭香就被當成藥草愛用至今。
這裡用它做出了對肌膚和身體
都好處多多的手工皂。

迷迭香皂

Rosemary Soap

材料

橄欖油（迷迭香浸泡油）……130g
椰子油……70g
棕櫚油……50g
氫氧化鈉……34g
迷迭香茶……75g
迷迭香（乾燥）……1小匙

準備

迷迭香

將迷迭香（乾燥）1小匙用食物調理機或研磨缽磨碎。

迷迭香茶

在水壺裡裝入迷迭香（材料外3g）後，注入110g熱水，待自然冷卻後濾除茶葉。使用之前置於冰箱冷藏。
※也可以使用市售的迷迭香茶。

過濾迷迭香浸泡油

製作迷迭香浸泡油，使用之前要用咖啡濾紙或不織布等過濾。

作法

1. 按照「基本作法」1～11製作手工皂。不過，純水則以冷藏的迷迭香茶取代。
2. 達到Trace狀態後，加入磨碎的迷迭香混合均勻。
3. 將皂液倒進皂模裡。
4. 蓋上蓋子，利用毛巾等東西包裹保溫。
5. 脫模後切塊，靜置4星期使其熟成、乾燥。

手工掛皂

脫模後，用刀子切成約4㎝×3.5㎝的塊狀。待表面乾燥後，趁中間還柔軟時，用竹筷在正中央穿洞，再以麻繩穿過。靜置4星期使其熟成、乾燥（操作時需戴橡膠手套）。

迷迭香浸泡油的作法

將乾燥的迷迭香（材料外10g）裝進乾淨的瓶子裡，再注入140g橄欖油，以小火隔水加熱1小時左右。置於沒有陽光直射的地方約1星期，每天要搖晃瓶身一次。

香蕉燕麥皂

Banana and Oatmeal Soap

材料

葵花油	80g	氫氧化鈉	35g	香蕉	15g
椰子油	75g	燕麥奶	75g	燕麥片	1小匙
棕櫚油	75g				
酪梨油	20g				

準備

香蕉

將香蕉15g用食物調理機或研磨缽磨成泥。

燕麥片

將燕麥片1小匙用食物調理機或研磨缽磨成粉。

製作燕麥奶

將燕麥片（材料外10g）裝進乾淨的瓶子裡，注入純水（材料外100g）後，置於冰箱冷藏一個晚上（6～12小時）。以濾茶器過濾掉燕麥片，使用之前置於冰箱冷藏。

作法

1 按照「基本作法」1～11製作手工皂。不過，純水則以冷藏的燕麥奶取代。

2 達到Trace狀態後，加入香蕉泥與燕麥粉混合均勻。

3 將皂液倒進皂模裡。

4 蓋上蓋子，利用毛巾等東西包裹保溫。

5 脫模後切塊，靜置4星期使其熟成、乾燥。

切塊的方法

1 脫模後切塊。趁皂體還柔軟時用保鮮膜包裹，揉成長條狀。

2 揉成喜歡的長度後，用刀子切成3等分，靜置4星期使其熟成、乾燥（操作時需戴橡膠手套）。

3 各種切塊的方法都OK。例如切成方形或長條形，體驗不同形狀的樂趣。

以富含維生素的香蕉果實
與植物奶「燕麥奶」所做成的手工皂。
不只能為夏天疲憊的肌膚補充營養，
而且泡沫濃稠綿密，洗完水嫩光滑。

魚腥草酊劑

自古以來就被當成「萬能藥」使用的魚腥草酊劑。對於蚊蟲叮咬、汗疹、痘痘、紅腫乾癢等夏天的肌膚問題，都很適用。家裡備有一瓶，非常方便。

材料

魚腥草（葉子和花朵）
日式燒酒或是伏特加（酒精濃度35～40度）

作法

1 將魚腥草的葉子和花朵用水洗淨後擦乾。在乾淨的瓶子裡裝入約八分滿的魚腥草，再注入日式燒酒或是伏特加，酒量差不多蓋過魚腥草即可。

2 每天要搖晃瓶身一次。1個月後即可使用。

〈使用期限參考：約1年〉

※其他香藥草類也同樣能製作成酊劑。

用法

化粧水

將純水45㎖、酊劑1～3小匙、甘油1/2小匙混合均勻（置於冰箱冷藏保存，並於2星期內用完）。

驅蟲噴霧

將酊劑以2～3倍的純水稀釋，並依喜好添加蚊蟲不喜歡的香茅、天竺葵等精油（置於冰箱冷藏保存，並於2星期內用完）。

止癢、蚊蟲叮咬

以化妝棉沾取酊劑，塗抹於患部。

入浴劑

在浴缸裡加入2大匙酊劑。

生活好幫手
手工保養品配方
Craft recipe 4

身體保濕凝露

即使是夏天，保濕也很重要！
就用清爽不黏膩的身體凝露來保養肌膚吧。

材料

純水……45g
關華豆膠……0.4g（約1/8小匙）
精油（依個人喜好）……5～10滴
※關華豆膠是提取自豆科植物關華豆種子內的成分，加水後會變黏稠。

作法

1. 將純水裝入耐熱容器中，加熱至50°C左右。
2. 在1中撒入關華豆膠，攪拌至變得濃稠為止。
   ※結塊也沒關係，放置一個晚上就會溶解。冷卻後加入喜歡的精油，再裝進容器裡，置於陰涼處或冰箱冷藏保存。

〈使用期限參考：1星期〉

memo

如果想配合季節增添清爽感的話，可以添加1/2小匙酊劑；想要增添潤澤感的話，則可以添加1/2小匙甘油與1小匙植物油。

Chapter 4

秋天的手工皂

日照溫和、空氣也清澈宜人，
可以感受到秋天氣息的季節。
肌膚也差不多該換季了。
用富含營養的秋天果實來製作手工皂吧！

咖啡皂

Coffee Soap

材料

椰子油……75g
棕櫚油……75g
橄欖油……50g
澳洲胡桃油……20g
可可脂……20g
米糠油……10g
氫氧化鈉……34g
純水……75g
即溶咖啡粉……1小匙
咖啡豆……1/4小匙

準備

即溶咖啡粉

將即溶咖啡粉1小匙加熱水1小匙溶解備用。

咖啡豆

將咖啡豆1/4小匙磨成粉備用。

作法

1 按照「基本作法」1～11製作手工皂。

2 達到Light Trace狀態後，取出150g皂液裝進紙杯裡，加入即溶咖啡粉與磨好的咖啡豆充分混合均勻。

3 將皂模稍微傾斜（在皂模下方放入約1.5㎝高的木板或是毛巾等物墊高），從斜下方縱向來回一次倒入紙杯中的皂液。

4 從缽盆裡取1大匙皂液加入紙杯中混合均勻。這個步驟是為了製造出漸層，使手工皂的顏色漸漸變淡。

5 和3一樣，將紙杯中的皂液倒入皂模裡。

6 和4一樣，從缽盆裡取1大匙皂液加入紙杯中混合均勻，再倒入皂模裡。重複4和5，直到缽盆裡的皂液全部用完。

7 蓋上蓋子，利用毛巾等東西包裹保溫。

8 脫模後切塊，靜置4星期使其熟成、乾燥。

咖啡具有利尿作用，可以排出老廢物質，
還能清除毛孔髒汙、賦予肌膚彈性，
據說也有去除暗沉的效果。
這款手工皂添加了咖啡萃取液
以及少量研磨過的咖啡豆。
在夏季裡好好調理肌膚，迎接秋天的到來吧。

米糠皂

Rice bran Soap

材料

椰子油	75g	氫氧化鈉	34g	米糠（生）	1大匙
豬油	75g	純水	75g	清酒	1小匙
米糠油	75g				
葵花油	25g				

作法

1. 按照「基本作法」**1～11**製作手工皂。
2. 達到Light Trace狀態後，加入清酒攪拌均勻。
3. 達到Trace狀態後，將皂液均分到2個缽盆裡，其中一個缽盆添加米糠（生）混合均勻。
4. 將有添加米糠（生）的皂液倒入皂模裡，從上方再倒入另一個缽盆的皂液。
5. 蓋上蓋子，利用毛巾等東西包裹保溫。
6. 脫模後切塊，靜置4星期使其熟成、乾燥。

變化：米糠炸彈泡澡沐浴球

材料（直徑約7cm的圓形1個份）

小蘇打	110g	米糠（生）	25g	精油（依個人喜好）	最多10滴
檸檬酸	55g	植物油	1小匙	粗砂糖（裝飾用）	適量
玉米澱粉	25g	水	適量		

作法

1. 將小蘇打、檸檬酸、玉米澱粉、米糠（生）裝進塑膠袋裡，隔著袋子搓揉混勻。
2. 加入植物油、精油後充分揉勻。
3. 用噴霧器逐次少量地噴水，搓揉成用手握住時會稍微成團結塊即可。這時如果加入過多的水會發泡，需留意。
4. 加入裝飾用的粗砂糖，和**3**一樣用噴霧器噴水。
5. 放置半天～1天，待變硬後從模型中取出。

用法

在注入熱水的浴缸中放進炸彈泡澡沐浴球。

使用上的注意事項

※不可用於循環式浴缸。
※米糠有可能會堵塞排水溝，需留意。如果擔心的話，可以用不織布或紗布包裹後再使用。為了避免損傷浴缸，使用後請不要重複加熱，需盡快用水沖洗乾淨。

〈使用期限參考：2星期〉

在日本，米糠自古以來就被用來洗臉。
賦予肌膚水分的天然保濕成分
「米糠神經醯胺」，
讓肌膚洗後備感水嫩潤澤。

營養豐富的酪梨被稱為「森林裡的奶油」，
這款手工皂添加了酪梨的果肉製成。
濃厚保濕的未精製酪梨油，
可以為乾燥粗糙的肌膚帶來潤澤。

酪梨皂

Avocado Soap

材料

椰子油……70g
棕櫚油……70g
酪梨油……70g
橄欖油……30g
蓖麻油……10g

氫氧化鈉……34g
純水……75g

酪梨……20g
可可粉……適量
菠菜粉……適量

準備

酪梨

將酪梨20g加入純水（材料外10g）攪拌成糊狀。如果用濾茶器或網篩過濾，酪梨糊會變得更加滑順。

菠菜粉

菠菜（材料外2～3片）用水洗淨後擦乾，切除莖部和粗葉脈，接著靜置使其自然乾燥。或是用微波爐烘乾至變得酥脆（以500W加熱約3分鐘，之後再一邊視狀況每次加熱10秒，直到變得酥脆為止）。乾燥後，以手捏碎，再用食物調理機或研磨缽磨成粉。也可以使用市售的菠菜粉。

作法

1 按照「基本作法」**1**～**10**製作手工皂。

2 等油脂與氫氧化鈉溶液開始融合乳化（3～5分鐘），加入酪梨糊攪拌均勻。

3 達到Light Trace狀態後，將皂液分裝並添加素材。
（A）取100g皂液裝進紙杯裡，加入菠菜粉攪拌均勻。
（B）取80g皂液裝進紙杯裡，加入可可粉攪拌均勻。
（C）將缽盆裡剩餘的皂液裝進紙杯裡（裝不下的話，就分次倒入紙杯），不加任何東西攪拌均勻。

4 將添加菠菜粉的（A）皂液，從皂模的中央慢慢地倒入。

5 和**4**一樣，將（C）的皂液從中央慢慢地倒入。

6 和**5**一樣，將添加可可粉的（B）皂液，從中央慢慢地倒入。

7 蓋上蓋子，利用毛巾等東西包裹保溫。

8 脫模後切塊，靜置4星期使其熟成、乾燥。

添加了以香草籽連同香草莢浸泡而成的香草油，
充滿甘甜的香氣，令身心都備感滋潤的手工皂。
還使用了有助於皮膚細胞再生的
澳洲胡桃油和乳木果油。
請用優雅的心情來享受這款
寵愛肌膚的手工皂。

香草皂

Vanilla Soap

材料

橄欖油（香草浸泡油）……120g
澳洲胡桃油……50g
椰子油……30g
棕櫚油……30g
乳木果油……20g
蜜蠟……5g
氫氧化鈉……30g
純水……75g
楓糖漿……1小匙
蘭姆酒……1小匙

準備

過濾香草油

製作香草浸泡油，使用之前要用濾茶器等器具過濾。

作法

1 按照「基本作法」1～11製作手工皂。

2 達到Light Trace狀態後，加入楓糖漿與蘭姆酒攪拌均勻。

3 達到Trace狀態後，將皂液倒進皂模裡。

4 蓋上蓋子，利用毛巾等東西包裹保溫。

5 脫模後切塊，靜置4星期使其熟成、乾燥。

製作香草浸泡油

將香草莢（材料外1/2根）劃開後，用刀背刮下香草籽。將香草籽、香草莢與橄欖油130g裝進乾淨的瓶子裡，以小火隔水加熱1小時左右。置於沒有陽光直射的地方約1星期，每天要搖晃瓶身一次。

堅果皂

Nuts Soap

材料

- 椰子油……65g
- 棕櫚油……65g
- 橄欖油……50g
- 澳洲胡桃油……40g
- 甜杏仁油……20g
- 乳木果油……10g

- 氫氧化鈉……33g
- 純水……75g

- 核桃……1小匙
- 可可粉……1/2小匙
- 肉桂粉……少許

準備

核桃

將核桃1小匙用食物調理機或研磨缽磨碎。

作法

1 按照「基本作法」**1**～**11**製作手工皂。

2 達到Light Trace狀態後，將皂液均分到3個紙杯裡，接著添加素材。

(A) 加入磨碎的核桃與肉桂粉攪拌均勻。

(B) 加入可可粉攪拌均勻。

(C) 什麼都不加，拌勻即可。

3 將皂模稍微往右邊傾斜（在皂模下方放入約1.5㎝高的木板或是毛巾等物墊高），取一半分量的（A）皂液從斜下方縱向來回地倒入，就像在畫線一般。

4 將皂模稍微往左邊傾斜（採用和**3**相同的方式），取一半分量的（C）皂液從斜下方縱向來回地倒入，就像在畫線一般。

5 將皂模稍微往右邊傾斜（採用和**3**相同的方式），取一半分量的（B）皂液從斜下方縱向來回地倒入，就像在畫線一般。

6 再重複一次步驟**3**～**5**（傾斜方向全部反過來），將所有皂液倒入皂模裡。

7 蓋上蓋子，利用毛巾等東西包裹保溫。

8 脫模後切塊，靜置4星期使其熟成、乾燥。

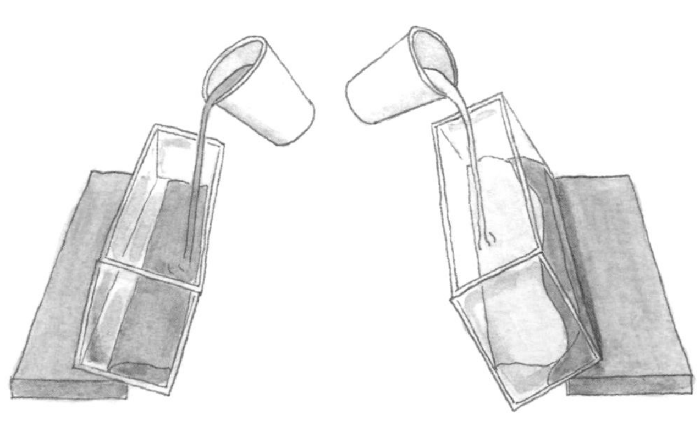

步驟 3

步驟 4

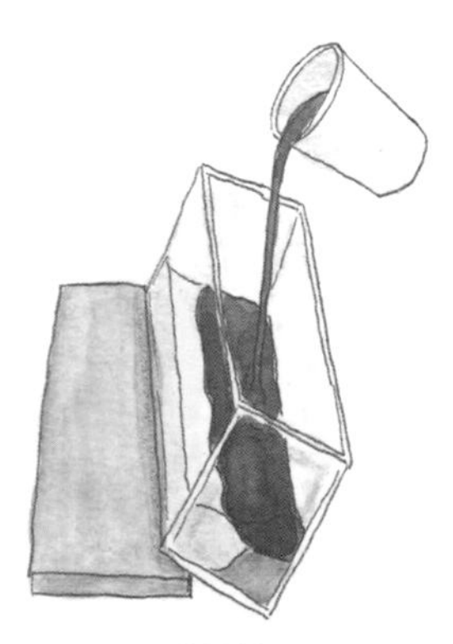

步驟 5

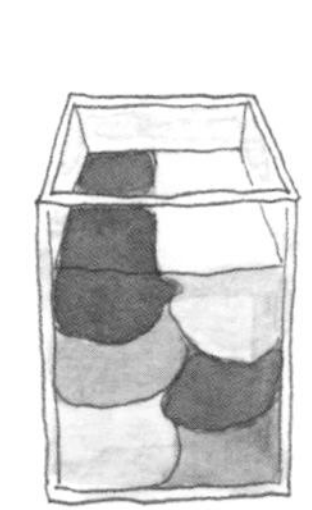

步驟 6

Autumn/Nuts Soap

在秋冬季節轉換之際，
要不要試試使用森林的贈禮「堅果」
製作而成的手工皂呢？
萃取自堅果的油脂具有高保濕力，
富含有益於乾燥肌的成分。
這裡將手工皂製作成
彷彿秋天的落葉和堅果交疊的模樣。

生活好幫手
手工保養品配方

Craft recipe 5

指緣油

在這個容易感到乾燥的季節，要不要來保養一下指尖呢？
這是一款專為指緣進行保濕、預防乾燥的指緣油。

材料（滾珠瓶約 5㎖）

植物油……………………5㎖
精油（依個人喜好）……………1～3滴

作法

在植物油裡添加喜歡的精油後，裝入滾珠瓶裡。

〈使用期限參考：3個月〉

用法

以滾珠瓶塗抹在指緣處，並用手指輕輕按摩，讓指甲整體吸收。

memo

白天使用的話，建議選用皮膚容易吸收、較為清爽的荷荷芭油或是甜杏仁油。

生活好幫手
手工保養品配方
Craft recipe 6

天然護膚膏

從頭到腳都可以使用的萬能膏。
手邊備有一瓶，隨時隨地都能保濕、保養。

材料（迷你尺寸的玻璃瓶 30mℓ）

植物油……12g
乳木果油……10g
蜜蠟……5g
精油（依個人喜好）……4滴

作法

1 將乳木果油和蜜蠟裝進瓶子裡，一邊隔水加熱一邊攪拌均勻。

2 蜜蠟融化後，加入植物油。整體都融化後，從熱水中移開，並添加精油。待凝固後就完成了。

〈使用期限參考：3個月〉

用法

取少量在手心裡融化後，塗抹於髮梢使其吸收。此外，也可以當成護手霜或指緣霜使用。

memo

增加植物油的分量，護膚膏就會變得較為柔軟。如果以植物油取代乳木果油，就能做出質地輕盈的膏狀。

Chapter 5

冬天的手工皂

只想窩在家裡的寒冷冬天，
也是享受泡澡時光的季節。
用喜愛的手工皂悠然自得地度過吧。

11月下旬是清酒新酒上市的時期，
也是酒粕最美味的時候。
酒粕富含有益肌膚的營養素，
彈潤的泡沫讓肌膚洗後滑滑嫩嫩。
是一款適合冬天的手工皂。

酒粕皂

Sake lees Soap

材料

豬油……80g
椰子油……60g
葵花油……50g
米糠油……50g
蓖麻油……10g
氫氧化鈉……33g
酒粕溶液……75g
酒粕……1大匙

準備

酒粕

將酒粕1大匙加入純水（材料外1/2～1大匙）攪拌成糊狀，再用濾茶器等器具過濾成滑順的質地。

過濾酒粕溶液

製作酒粕溶液，冷卻後用濾茶器等器具過濾，取用已過濾的部分。使用之前置於冰箱冷藏。

作法

1 按照「基本作法」1～11製作手工皂。不過，純水則以冷藏的酒粕溶液取代。

2 達到Trace狀態後，加入酒粕糊攪拌均勻。

3 將皂液倒進皂模裡。

4 蓋上蓋子，利用毛巾等東西包裹保溫。

5 脫模後切塊，靜置4星期使其熟成、乾燥。

酒粕溶液的作法

將酒粕（材料外60g）與純水（材料外180～240g）裝進鍋子裡，浸泡一個晚上。酒粕變軟後，以小火加熱約5分鐘（使酒精揮發）。

整顆柚子皂

Yuzu Soap

材料

椰子油……75g
棕櫚油……75g
米糠油……40g
橄欖油……30g
冷壓白芝麻油……30g
氫氧化鈉……36g
柚子泥……80g

準備

柚子泥

製作柚子泥，使用時解凍成冰沙狀。

作法

1. 按照「基本作法」1～11製作手工皂。不過，純水則以冰沙狀的柚子泥取代。
2. 達到Trace狀態後，將皂液倒進皂模裡。
3. 蓋上蓋子，利用毛巾等東西包裹保溫。
4. 脫模後切塊，靜置4星期使其熟成、乾燥。

柚子泥的作法

將整顆柚子100g切塊，用手持式攪拌棒或食物調理機打成泥狀，放入冷凍庫冷凍（籽太多的話，可以在攪打之前一一剔除）。

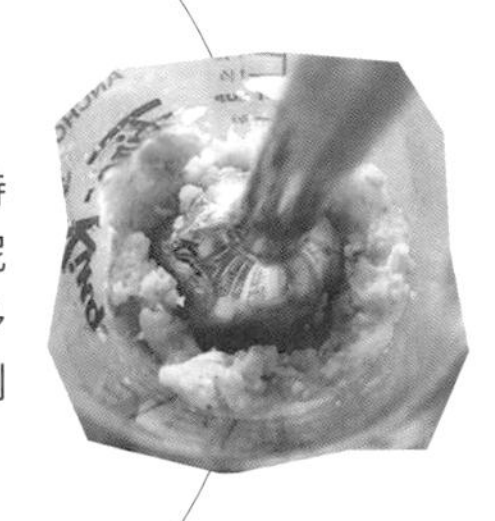

做成柚子形狀的方法

脫模後，切成6等分（約60g），趁皂體還柔軟時用保鮮膜包裹起來揉圓。調整成喜歡的形狀後，撕除保鮮膜，裝上果蒂（可以用切成小塊的綠色手工皂，或用真的柚子果蒂）。靜置4星期使其熟成、乾燥（操作時需戴橡膠手套）。

→

充分使用了大自然的恩惠。
連皮、果實、籽全都加進去。
形狀做得跟真的柚子一樣，
帶有果蒂、圓滾滾的手工皂。

生薑薑黃皂

Ginger and Turmeric Soap

材料

冷壓白芝麻油（生薑浸泡油）……75g
豬油……60g
椰子油……50g
甜杏仁油……40g
米糠油……25g

氫氧化鈉……32g
純水……75g

薑粉……適量
薑黃粉……適量
黑糖蜜……適量
紅棕櫚油……適量

準備

過濾生薑浸泡油

製作生薑浸泡油，使用之前要用咖啡濾紙或不織布等過濾。

紅棕櫚油

如果想加深顏色可以添加紅棕櫚油，但也可以不加。使用紅棕櫚油的話，要事先隔水加熱融解。

作法

1 按照「基本作法」**1**～**11**製作手工皂。

2 達到Light Trace狀態後，添加素材。
（A）取40g皂液裝進紙杯裡，加入黑糖蜜攪拌均勻。

生薑浸泡油的作法

將切成細長條狀的生薑（材料外25g）裝進乾淨的瓶子裡，再注入冷壓白芝麻油85g，以小火隔水加熱1小時左右（要在3天內使用）。

3 將缽盆裡剩餘的皂液均分到2個紙杯裡，添加素料。
（B）加入薑粉攪拌均勻。
（C）加入薑黃粉攪拌均勻。這時如果要讓黃色加深，可以滴入幾滴紅棕櫚油。

4 將一半分量的（B）、（C）皂液，同時從左右兩邊縱向來回地倒入皂模裡。

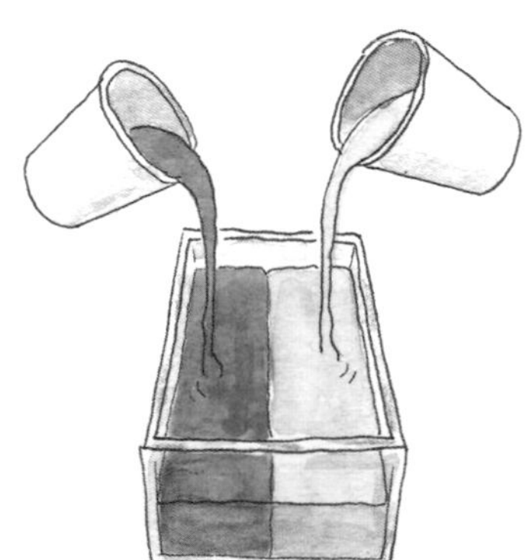

5 取一半分量的（A）皂液，從稍高的位置倒在（B）、（C）的交界處。這時的重點在於，要一邊想像薑的形狀一邊倒入（A）皂液。

6 再次重複**4**和**5**，將所有的皂液都倒入皂模裡。

7 蓋上蓋子，利用毛巾等東西包裹保溫。

8 脫模後切塊，靜置4星期使其熟成、乾燥。

生薑是中藥裡也會使用的藥材。
有助於血液循環，使體溫上升、促進排汗，
讓身體變得暖呼呼。

其實巧克力具有美容效果。
可可多酚可以抑制皮膚發炎、提升保濕力、
還能撫平肌膚紋路，對肌膚的好處多到數不清。
對痘痘也很有效，因此同樣適合男性使用。

巧克力皂

Chocolate Soap

材料

椰子油……60g
棕櫚油……60g
澳洲胡桃油……40g
葵花油……30g
甜杏仁油……30g
可可脂……30g

氫氧化鈉……35g
純水……75g

黑巧克力……6g
黑巧克力粉……1小匙

準備

黑巧克力

將黑巧克力6g切成細碎狀，隔水加熱融解備用。

作法

1. 按照「基本作法」1～11製作手工皂。
2. 達到Light Trace狀態後，取60g皂液裝進紙杯裡。
3. 在缽盆裡剩餘的皂液加入融化的黑巧克力與黑巧克力粉，充分攪拌均勻。
4. 將缽盆裡的皂液取1/3分量倒入皂模裡。
5. 在皂模的中央偏左處，如同畫線一般倒入紙杯裡一半的皂液。
6. 在5倒入的皂液上方，再倒入缽盆裡1/3分量的皂液。
7. 在皂模的中央偏右處，如同畫線一般倒入紙杯內剩餘的皂液。
8. 在7倒入的皂液上方，再倒入缽盆內剩餘的皂液。
9. 所有的皂液都倒入後，拿湯匙由上往下筆直地插入，並慢慢轉2～3圈攪動皂液。
10. 蓋上蓋子，利用毛巾等東西包裹保溫。
11. 脫模後切塊，靜置4星期使其熟成、乾燥。

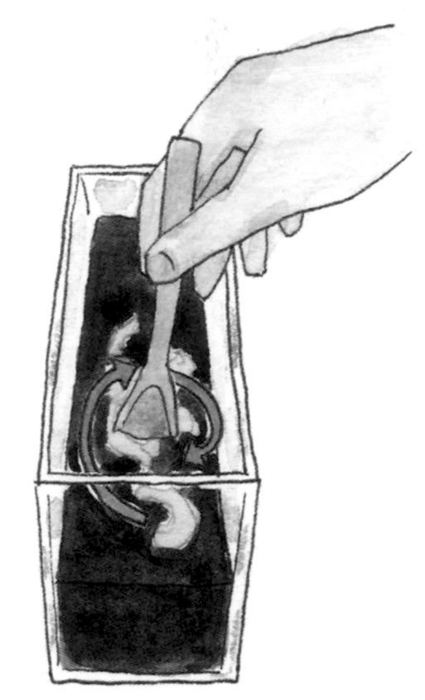

步驟9

添加了能清潔毛孔髒汙的紅豆，
以及具溫和去角質效果的黑芝麻，
做成宛如日式點心的手工皂。
在乾燥的時節裡，還添加了具有保濕效果、
礦物質含量豐富的黑糖。

紅豆黑芝麻皂

Red beans and Black sesame Soap

材料

椰子油……75g
豬油……75g
冷壓白芝麻油……60g
米糠油……20g
蓖麻油……20g

氫氧化鈉……34g
純水……75g

紅豆粉……1/2小匙
黑糖……1/4小匙
黑芝麻（芝麻粉）……1又1/2小匙
紅豆（顆粒，裝飾用）……3粒

・在皂模的正中央放入厚紙板作為隔板，並用曬衣夾等物固定兩端，以免移位。

作法

1 按照「基本作法」1～11製作手工皂。

2 達到Trace狀態後，將皂液均分到4個紙杯裡，添加素材。
(A) 加入紅豆粉與黑糖，充分攪拌均勻。
(B) 加入黑芝麻攪拌均勻。
(C) 準備什麼都不加的皂液（紙杯2杯份）。

3 將（A）和（C）的皂液，同時從左右兩邊縱向來回地慢慢倒入隔板兩側。

4 採用和3相同的方法倒入所有的皂液，在（A）的上方倒入（C），在（C）的上方倒入（B）。

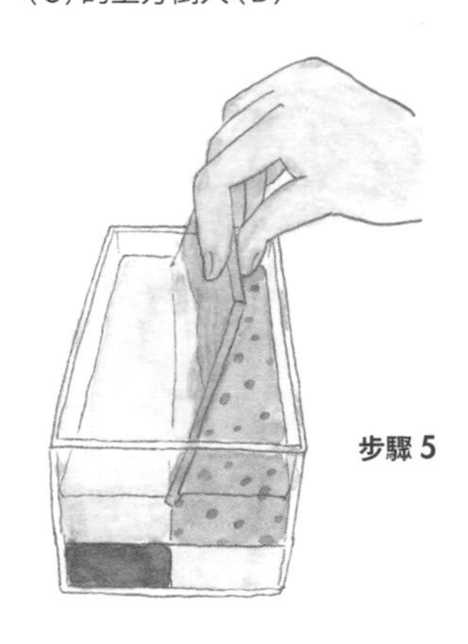

步驟5

5 將隔板筆直往上地慢慢抽出。

6 蓋上蓋子，利用毛巾等東西包裹保溫。

7 脫模後切塊，靜置4星期使其熟成、乾燥。

做成茶巾絞的方法

1 脫模後，將長方形的手工皂切成3等分。

2 接著再次切開，讓紅豆配白色皂體、黑芝麻配白色皂體

3 趁皂體還柔軟時，用保鮮膜或布巾包起來，用手擰成茶巾絞的形狀。調整好形狀後取下保鮮膜或布巾，並將紅豆顆粒放在紅豆皂上。靜置4星期使其熟成、乾燥（操作時需戴橡膠手套）。

生活好幫手
手工保養品配方

Craft recipe 7

保濕乳霜

如奶油般好推勻且吸收快的高保濕乳霜。
在感到乾燥之前，先給予肌膚滋潤吧！

材料（25g 容器）

乳木果油……20g
植物油……10g
精油（依個人喜好）……2～3滴

作法

1 將乳木果油與植物油裝入耐熱容器裡隔水加熱，攪拌混合至完全融解。

2 將1的容器放入裝有冰水的缽盆裡隔水降溫，同時用打蛋器繼續攪拌混合。當顏色變成混濁的白色且產生黏性時，馬上從冰水中取出。
※想要添加精油的話，要在此時加入。

3 達到喜好的軟硬度後，裝進容器裡，待冷卻後就完成了。
〈使用期限參考：1個月〉

memo

以電動奶泡器取代打蛋器，便可在短時間內完成攪拌作業。由於很容易融化，要放在陰涼處保存。尤其是夏季，最好置於冰箱冷藏以免融化。

生活好幫手
手工保養品配方

Craft recipe 8

砂糖磨砂膏

砂糖磨砂膏可以溫和地去除冬天硬梆梆的角質。
不妨用它來進行保養，讓肌膚柔嫩不乾燥吧。

材料（2～3次份）

砂糖……約50g（5大匙）
植物油……約36g（3大匙）
精油（依個人喜好）……5～6滴
蜂蜜（依個人喜好）……少許

作法

將所有材料攪拌均勻。

〈使用期限參考：2星期〉

用法

塗抹在淋濕的肌膚上，一邊輕輕按摩一邊均勻推開。1～2分鐘之後，再用溫水沖洗乾淨（一週使用2～3次）。

memo

使用時切勿用力摩擦。在浴室裡沖掉磨砂膏後，植物油會使地板變得滑溜，要特別小心。砂糖的種類可以依個人喜好選擇，使用顆粒細小的上白糖，膚觸較為溫和。

Chapter 6

各式變化款手工皂

手工皂的魅力就在於，可以依個人的喜好與生活方式，
擁有各式各樣的形狀及使用方法。
專屬於自己的獨創手工皂，
不論製作時還是使用時，都令人心情雀躍。

提高了洗淨力、
100%使用椰子油的手工皂。
可以直接用固態皂清洗餐具，
也能磨成粉當作洗衣粉使用。
還可用於居家清潔打掃。

洗滌皂

Washing Soap

固態皂

材料

椰子油……250g
氫氧化鈉……44g
純水……75g

作法

按照「基本作法」1～13完成手工皂製作。

※因為屬於皂體堅硬的手工皂，要趁脫模後皂體還柔軟時切塊。

※脫模後馬上就可以使用。操作時務必要戴橡膠手套。

皂模

牛奶盒

※這個配方做出來的手工皂，皂體相較於其他頁的配方堅硬許多，為了易於脫模，使用牛奶盒作為皂模。

皂粉

材料

手工皂（依照上述製作的固態皂）……50g
碳酸氫三鈉……50g
小蘇打……20g
鹽……10g

皂粉的使用方法

以少量溫水溶解後，倒入洗衣機裡。水量45ℓ大約使用1大匙。

作法

1 將固態皂切成適當的大小，再用磨泥器或刨絲器等工具磨碎。

2 將所有材料混合均勻。

將手工皂磨碎

用磨泥器或刨絲器等工具把手工皂刨成細絲。將刨好的皂絲靜置數天乾燥後，再用食物調理機攪打成粉狀，洗滌時會更容易溶解。

香氛皂

Soap for enjoying the scents

材料

椰子油……75g
棕櫚油（或豬油）……75g
橄欖油（或冷壓白芝麻油）……75g
米糠油……25g
氫氧化鈉……34g
純水……75g

皂模

矽膠模（3×3㎝的立方模）

粉紅色手工皂
「平靜、協調」

粉紅礦泥粉……1/4小匙
玫瑰礦泥粉……少許
天竺葵精油……5滴
乳香精油……8滴

綠色手工皂
「放鬆、安穩」

綠色礦泥粉……1/4小匙
薰衣草精油……8滴
佛手柑精油……3滴

黃色手工皂
「提振精神、元氣」

黃色礦泥粉……1/4小匙
甜橙精油……6滴
葡萄柚精油……5滴
薄荷精油……3滴

白色手工皂
「重新出發、正直」

白色礦泥粉……1/4小匙
檸檬精油……6滴
迷迭香精油……5滴
尤加利精油……3滴

作法

1. 按照「基本作法」1～11製作手工皂。
2. 達到Light Trace狀態後，將皂液均分到4個紙杯裡，分別添加礦泥粉與精油，攪拌均勻。
3. 達到Trace狀態後，將皂液倒進皂模裡。

※精油1滴＝0.05㎖

4. 蓋上蓋子或保鮮膜，利用毛巾等東西包裹保溫。
5. 脫模後，靜置4星期使其熟成、乾燥。

手工皂的魅力之一就是能添加自己喜歡的香味，
享受香氛樂趣。
「精油」是濃縮植物有效成分的天然香料。
用礦泥粉上色、小巧玲瓏的手工皂，
可以配合當天的心情來使用。

像鮮奶油般柔滑的觸感。
雖然相較於固態皂較不容易起泡，
不過由於油脂含量豐富，
洗完後倍感溫和潤澤。
光是塗抹在肌膚就令人充滿幸福感。

鮮奶油皂

Whipped cream Soap

材料

手工皂……3大匙（約10g）
植物油……2大匙（約20g）
熱水……1大匙～（約15g～）
精油（依個人喜好）……3滴
蜂蜜（依個人喜好）……少許

皂模

容器（350mℓ）

作法

1 用磨泥器或刨絲器把手工皂細細磨碎。

2 將熱水與精油以外的材料放入缽盆中，接著在磨碎的手工皂淋上熱水。用打蛋器迅速攪拌。

3 達到喜好的軟硬度後，添加精油混合，再裝進容器裡就完成了。

用法

取適量於掌心，塗抹在淋濕的肌膚上使用。

〈使用期限參考：置於沒有陽光直射、濕氣少的地方，可常溫保存2星期〉

變化款

3種變化款手工皂的作法同上。

・香藥草鮮奶油皂（黃色）

【材料】
手工皂……3大匙
香藥草浸泡油……2大匙
※香藥草浸泡油的作法請參照P33。
紅棕櫚油……1小匙
熱水……1大匙～

・紫草根鮮奶油皂（粉紅色）

【材料】
手工皂……3大匙
紫草根浸泡油……2大匙
※使用紫草根製作浸泡油。作法請參照P21。
熱水……1大匙～

・巧克力鮮奶油皂（咖啡色）

【材料】
手工皂……3大匙
植物油……2大匙
熱水……1大匙～
可可粉……1小匙

打發皂液的方法

和製作甜點的鮮奶油一樣打發起泡。打發時稍微傾斜缽盆把空氣打入，皂液會比較快起泡。不過，軟硬度會因為手工皂的不同而異，需調整熱水的量，做出喜好的軟硬度。

用寶特瓶製作的馬賽克皂

Mosaic Soap made with plastic bottle

材料

椰子油……75g
棕櫚油（或豬油）……75g
橄欖油（或冷壓白芝麻油）……75g
米糠油……25g

氫氧化鈉……34g
純水……75g

彩色手工皂……25g

皂模

寶特瓶500mℓ
（裝碳酸飲料的硬質容器）

準備

彩色手工皂

將各種顏色的手工皂用菜刀切碎。

寶特瓶

將裝碳酸飲料的硬質寶特瓶500mℓ用水洗乾淨、晾乾。

作法

※作法**1**～**3**請參照「基本作法」。

1 將氫氧化鈉與純水混合，製作氫氧化鈉溶液。

2 將油脂隔水加熱融解，到達40～45°C後，在寶特瓶口放上漏斗，按照材料表的分量把油脂類全部倒入。

3 等氫氧化鈉溶液的溫度到達40～45°C後，加入寶特瓶裡。

4 將瓶蓋蓋緊，以塑膠袋包覆整個寶特瓶，再用毛巾包裹起來（避免降溫）。為了確保蓋子鬆開或皂液外漏時也安全無虞，因此使用塑膠袋。

5 搖晃寶特瓶（最初的10分鐘不停手，確實搖晃使其混合）。
※這時不需用力搖晃寶特瓶。只需上下或左右搖晃，讓裡面的油脂融合。也可以慢慢搖晃。

6 達到Trace狀態後，加入事先切碎的彩色手工皂，搖晃混合。
※也可以在這個步驟將皂液倒入皂模裡。

7 將寶特瓶以毛巾等物包裹保溫。

8 完成保溫後，將寶特瓶用刀子切開，取出手工皂。

9 切成喜歡的大小後，靜置4星期使其熟成、乾燥。

利用寶特瓶簡單製作手工皂。
因為使用的工具少，整理起來也很輕鬆。

像黏土一樣揉捏混合即可，
簡單就能完成的手工皂。
添加香藥草或浸泡油，
挑戰製作自己喜歡的手工皂吧。

手捏皂

Hand kneading Soap

材料

手工皂（或現成皂基）……50g

植物油（或熱水）……1小匙～

精油（依個人喜好）……5滴

作法

1 用磨泥器或刨絲器把手工皂細細磨碎。

2 將磨碎的手工皂裝入塑膠袋裡，加入植物油（或熱水）揉勻。
※想調整軟硬度時，以植物油（或熱水）的量來調整。

3 加入精油，繼續揉捏。

4 揉成像耳垂般的軟硬度後，從袋子裡取出，調整成喜歡的形狀。

5 置於沒有日照、通風良好的地方2～3天，使其乾燥。

※精油1滴＝0.05mℓ

變化款

・薑黃孜然手捏皂

【材料】
手捏皂皂泥……50g
薑黃粉……適量
孜然……適量

作法

1 依照上述步驟**1**～**4**製作手捏皂皂泥。

2 將皂泥分成2等分，分別添加薑黃粉與孜然混合。

3 將薑黃粉皂泥和孜然皂泥混合，揉捏成喜歡的形狀。

4 置於沒有日照、通風良好的地方2～3天，使其乾燥。

・漩渦手捏皂

【材料】
手捏皂皂泥……50g
玫瑰礦泥粉……適量

作法

1 依照上述步驟**1**～**4**製作手捏皂皂泥。

2 將皂泥分成2等分，其中一份添加玫瑰礦泥粉染成粉紅色，另一份什麼都不加。

3 將粉紅色和白色的皂泥分別擀成1cm厚，貼合後捲起來，形成漩渦的圖案。

4 置於沒有日照、通風良好的地方2～3天，使其乾燥。

・香藥草手捏皂

【材料】
手捏皂皂泥……50g
乾燥香藥草……適量

作法

1 依照上述步驟**1**～**4**製作手捏皂皂泥。

2 加入乾燥香藥草混合。

3 利用模具等做成喜歡的形狀。

4 置於沒有日照、通風良好的地方2～3天，使其乾燥。

包裝的基本

我在手工皂教室裡也有教授，利用容易取得的材料進行簡易包裝的方法。首先就從想像完成後的樣子開始吧。如果製作的是柚子手工皂，那就讓它看起來像真的柚子一樣；如果是米糠皂的話，放進米袋裡應該會很可愛吧……像這樣一邊想像一邊進行。利用色紙、日本和紙、摺紙等包裝時，手工皂要先用烘焙紙或蠟紙包起來。使用烘焙紙的話，能使未皂化的剩餘油脂不易滲透出來。進行包裝時，保持簡單樸素也很好，不過添加一些裝飾品或標籤，看起來會更可愛，而且更增添獨創性。在網路上有免費的標籤素材網站，不妨試著找找符合需求的標籤。將手工皂包裝得很可愛，好感度也會倍增。不管是當成禮物送給重要的人，或是留給自己使用，希望各位能和製作手工皂時一樣，享受包裝的樂趣。

米袋風格的包裝法

準備的物品

- 米糠皂（尺寸約4.5cm×6cm×2cm）
- 牛皮紙　13cm×16cm
- 紙繩　約20cm
- 膠水　● 剪刀　● 標籤

準備

將手工皂先用烘焙紙（或蠟紙）包起來。

1 將紙摺3摺，右邊在上，用膠水黏貼起來，做成圓筒狀。

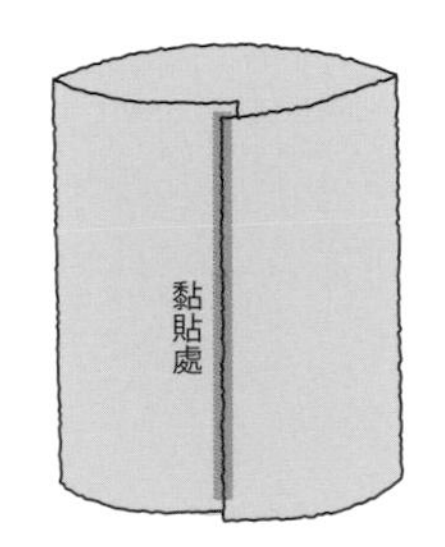

2 從下往上摺2.5cm。

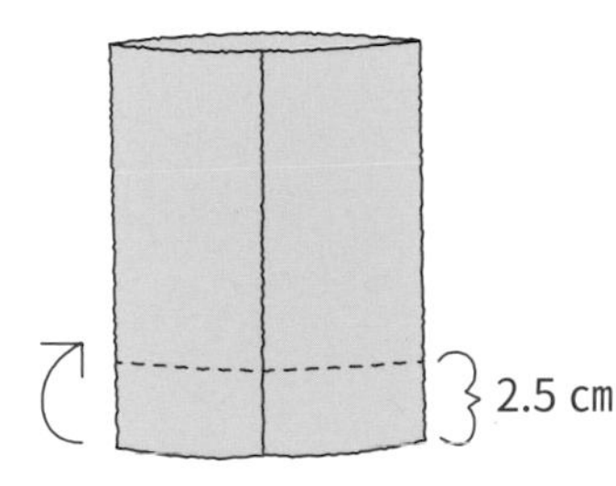

3 展開。

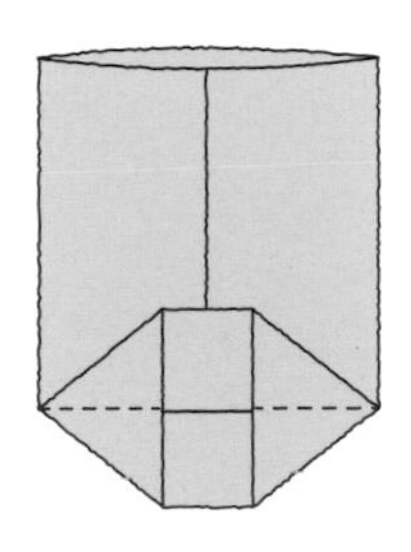

4 將上方部分往下摺，要稍微超過中線。

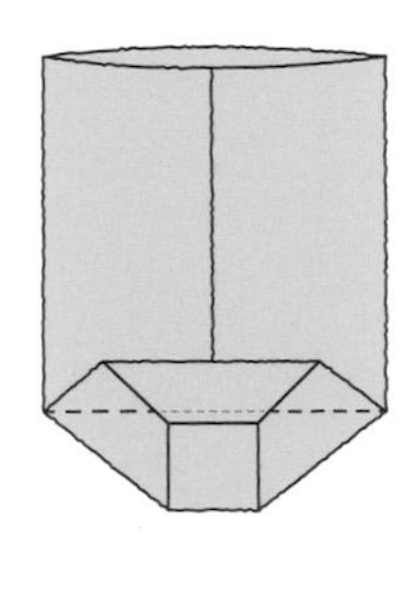

5 下方部分和**4**一樣往上摺，用膠水黏貼起來。袋子完成了。

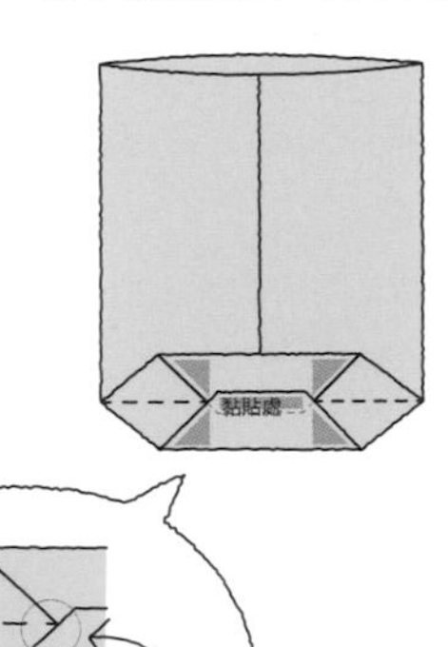

6 放入手工皂，把紙繩放在袋口上捲起來。

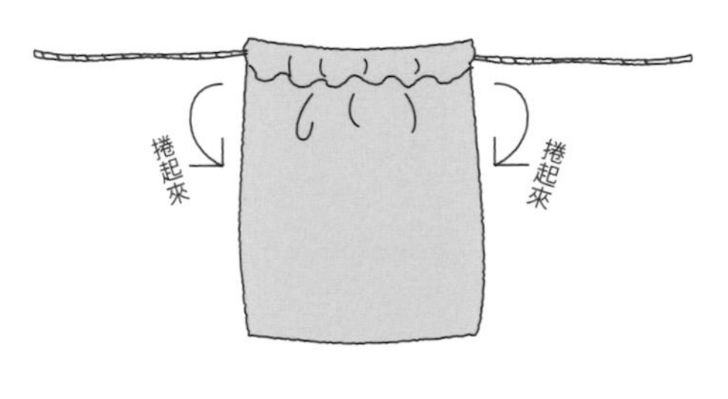

7 稍微拉緊打結。再貼上標籤就完成了！

製作手工皂的

開始嘗試製作手工皂後，
便會冒出各式各樣的疑問。
這裡整理出經常在手工皂教室
被學生問到的問題。

Q1 可以用配方裡沒有記載的油脂來取代嗎？

Answer

沒有寫可以代用的油脂，則不能取代。這是因為油脂的種類不同，製作手工皂所需的氫氧化鈉量也會不一樣。油脂形成肥皂時必要的鹼量稱為「皂化價」。每種油脂的皂化價都不相同，如果要以其他油脂取代的話，請用「鹼量計算機」（可至網路上查詢）計算，算出所需的氫氧化鈉用量。

Q2 製作手工皂時常見的「皂化率」是指什麼？

Answer

將油脂做成肥皂（皂化）的比率稱為「皂化率」。本書中的配方，皂化率約為90%左右。為了製作出溫和的手工皂，成品預留了少量油脂。保留油脂，洗淨後可以保有潤澤感。此外，殘留的油脂（過剩油脂）比率稱為「鹼折扣率」。皂化率90%就是鹼折扣率10%。

Q3 想在手工皂裡添加食材或天然素材，有什麼方法？

Answer

本書中介紹了幾個方法：

1 在氫氧化鈉溶液與油脂混合後，或是達到Trace狀態後添加（例如優格、香蕉等）。

2 以其他液體取代純水（例如燕麥奶、酒粕溶液等）。

3 將食材或天然素材研磨成泥狀取代純水（例如柚子泥等）。

4 使用浸泡油（例如5種香藥草、魚腥草等）。

還有其他食材或天然材料也能用來製作手工皂。只要是類似配方裡的素材，不妨參考添加的方式，試著挑戰自創手工皂。不過，如果像2、3用來取代純水，由於氫氧化鈉會直接接觸到原料，使鹼發生反應、溫度急速上升，因此可能會產生刺鼻的氣味或是溢出。在使用之前將材料置於冰箱冷藏，或是做成冰沙狀，都可以緩和反應。第一次使用的天然素材，只用來取代一部分的純水會比較安全。

Q4 一直無法達到Trace狀態該怎麼辦？

本書中的配方，大約20～60分鐘就會達到Trace狀態，但達到Trace狀態所需的時間會因為配方與季節，以及溫度、器具、攪拌方式等而異。此外，使用浸泡油或以其他材料取代純水的配方，通常會提早達到Trace狀態。

以下介紹幾種加快達到Trace狀態的方法。

- 將皂液隔水加熱（45°C左右）。
- 添加少量酒精濃度高的酒類（40度左右的琴酒或蘭姆酒等）。
- 使用手持式攪拌棒。不過可能會導致皂液噴濺，要小心使用。

Q5 保溫中或結束保溫的手工皂像冒汗一樣附著了水珠，有沒有關係呢？

Answer 手工皂有可能因為保溫中的溫度，使得所使用的油脂或素材的成分跑到表面，這不會產生任何問題。這時可以戴上橡膠手套，用面紙等輕輕擦拭。

Q6 皂液入模後顏色很漂亮，但保溫結束後手工皂卻變成咖啡色。這是為什麼呢？

Answer 直接添加香蕉或柚子等食材的手工皂，一旦保溫時皂液的溫度升高，顏色就可能變為咖啡色。為了防止變成咖啡色，建議以低溫進行保溫。這時，皂液在入模前要達到Trace狀態，入模後不要以毛巾等物包裹，直接置於室溫下或陰涼處約1星期進行保溫。

Q7 保溫結束後，手工皂的表面覆蓋了一層白粉，沒問題嗎？

Answer 白色的粉末稱為「蘇打灰（碳酸鈉）」，對肌膚沒有影響。皂液入模時的溫度偏低，或是因為使用的油脂、材料都有可能形成。在寒冷的季節製作手工皂時，建議將皂液隔水加熱，達到Trace狀態後再倒入皂模。如果很在意外觀，可以用修皂器刨掉薄薄一層，或將出現蘇打灰的部分浸泡熱水數秒等，看起來就不會那麼明顯。

Q8 手工皂在乾燥過程中變色了。有沒有不讓它變色的訣竅？

Answer 有些天然素材和氫氧化鈉混合後會變色，或是受到空氣和陽光中所含的紫外線影響，隨著時間經過而褪色。在熟成、乾燥的過程中或進行保存時，要置於沒有日照的地方。礦泥粉不會變色或褪色，會呈現跟看起來一樣的溫和色調。

Q9 手工皂表面產生咖啡色斑點，或是出現水珠變得濕濕的，沒關係嗎？

Answer 手工皂含有大量的天然甘油，因此會吸附空氣中的水分而形成水珠或變得濕濕的。尤其是濕度高的夏天等季節要特別留意，請將手工皂置於沒有日照、通風良好且乾燥的地方保存。過剩油脂一旦開始氧化，就會產生咖啡色斑點或是氧化味（油耗味）。使用上雖然沒有問題，但如果介意的話，不妨拿來作為掃除之用。

Q10 想讓手工皂帶有香味，有什麼好方法嗎？

Answer 想增添香氣的話，建議使用精油（Essential Oil）。精油濃縮了植物的花或葉子、種子等部位的芳香成分。添加人工香精製成的精油會標示「Fragrance Oil」，或是「Aroma Oil」（香薰油），購買時需留意。P90的「香氛皂」就介紹了使用精油的配方，請參考看看。此外，使用精油入皂時，請以油脂和水分合計分量的0.8%為基準值，再依個人喜好增減。本書中的配方大多是油脂250g＋水分75g＝325g，325g×0.008（0.8%）＝2.6，單位是㎖。2.6㎖精油大約＝1/2小匙。以精油瓶滴出1滴精油約為0.05㎖為概算基準，2.6㎖＝52滴。在本書的配方裡添加精油時，請以1/2小匙或是52滴為基準進行增減。

\ check! /

推薦的商家

本書中的配方所列出的材料，主要都能在超市或藥局購得。這裡則介紹可以購買所使用的器具或素材的商家。在附近的店家買不到想要的油脂時，有些右邊介紹的商家有在販售，有些還可以透過網路購買，因此推薦給各位。
※此頁介紹的為日本的商家，台灣讀者可至化工行或網路上購買相關材料與器具。

Cafe de Savon

從材料到器具，製作手工皂所需的物品一應俱全的網路商店。本書中出現的皂模，便是使用這家店的壓克力皂模。此外，油脂、礦泥粉、乾燥香藥草、精油等的種類也很豐富，因此十分推薦給初次入門的新手。
URL：https://www.cafe-de-savon.com/

imagine

販售無添加、無農藥的材料與商品，重視環保的網路商店。除了油脂、精油、色粉等製作手工皂的材料之外，手工保養品的素材等品項也很豐富，這是一家可以更進一步開發手工皂樂趣的商店。
URL：https://www.eco-imagine.com/

KALDI COFFE FARM（咖樂迪咖啡農場）

日本各地都有的進口食品販賣店（台灣也有分店）。販售從世界各國進口的稀有食品，以及乾燥香藥草、香料等，紅棕櫚油、酪梨油、澳洲胡桃油等油脂類也很豐富。可用來製作手工皂的食品也很多，光看就令人興奮不已。亦有網路商店。
URL：https://www.kaldi.co.jp/

東急HANDS新宿店（台隆手創館東急新宿店）

販售各式各樣的生活用品與雜貨等，商品類型廣泛的專賣店。各種品牌的精油、手工保養品的素材與容器等種類豐富，製作手工皂所需的器具也能在此備齊。一部分商品可以在網路上購買。
地址：東京都渋谷区千駄ヶ谷5-24-2タイムズスクエアビル2～8F
URL：https://shinjuku.tokyu-hands.co.jp/
東急HANDS網路商店：https://hands.net/

「生活好幫手 手工保養品配方」使用上的注意事項

- ●精油1滴＝0.05mℓ。
- ●所使用的容器與工具類，要先以酒精或熱水消毒過後再使用。
- ●使用後若有肌膚不適，請立刻停止使用。
- ●由於沒有添加防腐劑，隨著保存方法與材料狀態等不同，可使用的期限也各異。請遵守配方的使用期限參考，並以自己的眼睛、鼻子來做判斷。

後記

只是因為喜歡而製作手工皂至今。在商店裡只要看到各式各樣的材料，便無法停止想像和心中的雀躍。要不要來做這種手工皂呢？要怎麼包裝呢？點子不斷地冒出來。我從來沒想過，像這樣一路下來所做出的手工皂，竟然能集結成一本書。

決定製作這本書之後，我對於自己以往至今所做的事稍微有了自信，也得以有機會能再次向許多相關的人，以及發生的許多事表達感謝之意。

真的非常謝謝跟我提案的岩名由子小姐、協助將素材拍攝得比實際更加美味誘人的攝影師漆戶美保小姐、助理犬飼綾菜小姐、設計師田中真琴小姐、幫忙繪製插圖的Tamy小姐，以及傾盡全力的各位製作者。我心中充滿了感謝。

最後，希望所有購買本書的讀者，都能開心愉悅地製作出交織了個人風格、世界上獨一無二的手工皂。

【著者介紹】

うた（UTA）

手工皂作家。經營手工皂教室「UTATANE」，透過教室和講師活動教授手工皂製作，以及簡單又可愛的手工皂包裝，讓人在感受季節的同時也能享受素材。為一般社團法人手工皂協會（Handmade Soap Association）認定的初級製皂師（Junior Soaper），並已修畢小幡有樹子老師的「手工皂教室講座」課程。

日文版工作人員

■設計　田中真琴
■攝影　漆戶美保
■攝影助理　犬飼綾菜
■插圖　Tamy
■校對　寺﨑直子

植萃系冷製手工皂實驗室

2021年12月1日初版第一刷發行

著　者　うた
譯　者　王盈潔
副主編　陳正芳
發行人　南部裕
＜地址＞台北市南京東路4段130號2F-1
＜電話＞(02)2577-8878
＜傳真＞(02)2577-8896
＜網址＞http://www.tohan.com.tw
郵撥帳號　1405049-4
法律顧問　蕭雄淋律師
總經銷　聯合發行股份有限公司
＜電話＞(02)2917-8022

國家圖書館出版品預行編目資料

植萃系冷製手工皂實驗室 / うた著 ; 王盈潔譯. --
初版. -- 臺北市 : 臺灣東販股份有限公司, 2021.12
104面 ; 18.2×25.7公分
譯自 : 季節を愉しむ手づくり石けん : はじめてでも簡単! おうちでできる小さくてかわいいナチュラルソープ
ISBN 978-626-304-966-6(平裝)

1.肥皂

466.4　　110017928

KISETSU WO TANOSHIMU TEZUKURI SEKKEN
© UTA 2021
Originally published in Japan in 2021 by SHUWA SYSTEM CO., LTD., TOKYO.
Traditional Chinese translation rights arranged with SHUWA SYSTEM CO., LTD. TOKYO, through TOHAN CORPORATION, TOKYO.